河湖底泥生态修复与土壤资源化利用技术研究

刘永兵　李　翔　程言君　赵从举　著

中国建筑工业出版社

图书在版编目（CIP）数据

河湖底泥生态修复与土壤资源化利用技术研究/刘
永兵等著. —北京：中国建筑工业出版社，2022.10
ISBN 978-7-112-22156-1

Ⅰ.①河… Ⅱ.①刘… Ⅲ.①河流底泥-生态恢复-
研究②河流底泥-土壤资源-资源利用-研究 Ⅳ.
①X522

中国版本图书馆 CIP 数据核字（2018）第 088316 号

　　本书共分为 12 章，围绕河湖疏浚底泥进行土壤资源化分类利用的总体目标，主要从河湖底泥性状、污染调查评价，底泥粒径分形维数特征与底泥性状关系，底泥质耕作层土壤构建可行性试验研究，重金属污染底泥稳定化修复试验研究，土地整治中底泥质耕作层土壤构建方法研究，重金属污泥底泥异位修复与资源化利用关键设备及技术，底泥质耕作层土壤蔬菜种植应用效果，污泥质耕作层土壤种植能源草应用效果，海口市南渡江龙华区谭丰洋底泥利用工程设计等方面总结和阐述了科学研究和技术开发成果，以期为大规模的推广应用提供理论基础、技术支撑及工程案例。

责任编辑：石枫华
责任校对：芦欣甜

河湖底泥生态修复与土壤资源化利用技术研究

刘永兵 李 翔 程言君 赵从举 著

*

中国建筑工业出版社出版、发行（北京海淀三里河路 9 号）
各地新华书店、建筑书店经销
北京科地亚盟排版公司制版
北京建筑工业印刷厂印刷

*

开本：787 毫米×1092 毫米 1/16 印张：11 字数：273 千字
2022 年 10 月第一版 2022 年 10 月第一次印刷
定价：**58.00** 元
ISBN 978-7-112-22156-1
（32039）

前　言

底泥是河湖水系的沉积物，是自然水域的重要组成部分，在河流湖泊环境污染治理过程中，底泥污染整治是主要的难点之一。水体和底泥之间存在着吸收和释放的动态平衡，当水体外源污染得到控制后，累积于底泥中的各种有机和无机污染物通过与上覆水体间的物理、化学、生物交换作用，重新进入到上覆水体中，成为影响水体水质的内源污染。随着我国社会经济的快速发展，近30年来，河流、湖泊等水体污染较为严重，产生了大量的黑臭水体。这类污染主要是人为因素造成，污染物通过大气沉降、废水排放、雨水淋溶与冲刷进入水体，大量难降解污染物积累在水体底泥中并逐渐富集。因此，河道内源底泥污染控制是解决水环境质量的一个关键技术。

国家高度重视水环境保护工作。"十三五"以来，原环境保护部颁布了《水污染防治行动计划》（简称"水十条"），住房和城乡建设部颁布了《城市黑臭水体整治工作指南》，这些指导性文件中均将清淤疏浚、污泥处理处置作为水环境质量改善、水生态系统功能初步恢复的重要措施，也是确保到2020年，全国水环境质量得到阶段性改善，污染严重水体较大幅度减小目标实现的重要治理措施之一。本专著顺应"水十条"的要求，以河湖疏浚底泥生态修复及资源化利用技术研究为主线，以期为水环境治理中的疏浚底泥处置探索出一些借鉴、可推广的技术模式。

本书共分为12章，围绕河湖疏浚底泥进行土壤资源化分类利用的总体目标，主要从河湖底泥性状、污染调查评价，底泥粒径分形维数特征与底泥性状关系，底泥质耕作层土壤构建可行性试验研究，重金属污染底泥稳定化修复试验研究，土地整治中底泥质耕作层土壤构建方法研究，重金属污泥底泥异位修复与资源化利用关键设备及技术，底泥质耕作层土壤蔬菜种植应用效果，污泥质耕作层土壤种植能源草应用效果，海口市南渡江龙华区谭丰洋底泥利用工程设计等方面内容总结和阐述了科学研究和技术开发成果，以期为大规模的推广应用提供理论基础、技术支撑及工程案例。

本书依托原国土资源部和财政部海南省海口市南渡江流域土地整治重大工程科研项目《土地整治工程中底泥综合利用工程技术集成、优化及技术推广》和《南渡江土地整治工程中底泥农业利用工程示范》、北京市科学技术研究院财政专项《Cd、Pb污染土壤原位稳定化修复药剂研发》、国家重点研发计划项目（2019YFC1805001）等多个项目成果撰写而成。

本书由轻工业环境保护研究所、国家地质实验测试中心、海南师范大学、海口市土地整治重大工程领导小组办公室、海南省农垦设计院、国家林业局盐碱地研究中心等单位共同完成。本书由刘永兵主持编著，主要编写人员和分工为：第1章由赵从举、卓志青、张建中、洪文良完成；第2章由刘永兵、贾斌、李翔、程言君、洪文良、杨海、李薇薇完成；第3章由罗楠、王佳佳、王计平、刘永兵、程言君、张建中完成；第4章由赵从举、卓志清、刘永兵、李翔、张建中、臧振远完成；第5章由刘永兵、李翔、贾斌、臧振远完成；第6章由李翔、刘永兵、程言君、张建中完成；第7章由刘永兵、李翔、张建中、杨文杰、罗楠完成；第8章由刘永兵、李翔、洪文良、张建中、贾斌、臧振远、李薇薇、程言君、吕利光完成；第9章由李翔、刘永兵、罗楠、张建中完成；第10章由卓志清、赵从举、刘永兵、臧振远完成；第11章由刘永兵、杨文杰、贾斌、洪文良完成；第12章由刘永兵完成。全书由刘永兵统编定稿。

本书的撰写过程中，轻工业环境保护研究所宋云研究员、北京市水利规划设计研究院刘培斌教授、北京林业大学赵廷宁教授、中国地质科学院陈明研究员、中国矿业大学（北京）黄占斌教授给予了大力的支持和帮助；本书在撰写过程中参考和引用了国内外相关领域的专著、研究论文和资料，在此向各位作者表示感谢！

本书的作者来自不同的专业，河湖底泥生态修复与土壤资源化利用对于我们来说是一个新课题，加上作者水平有限，有些技术试验和理论分析结果还有待于时间的检验，所以肯定有疏忽和遗漏之处，值得讨论和商榷的问题也在所难免，衷心恳请广大读者、有关专家和工程技术人员提出批评和宝贵意见。

刘永兵

2021年2月4日

目　　录

第1章 绪 论

1.1 河湖底泥污染现状

河湖是重要的多功能地表水资源，具有灌溉、防洪、航运、养殖等功能，同时对调节气候、维持生态平衡有着重要的作用。底泥是随水体流动所移动的微粒，并最终沉积成为在水体底部的一层固体微粒，是河湖水生态环境系统的重要组成部分，在水体环境中有着特殊的生态地位。底泥是河湖水系中污染物的主要蓄积场所，底泥中既含有多种重金属有害成分，也含有丰富的氮、磷及有机质；是水生态系统物质循环与能量流动的重要环节，在水体环境中有着特殊的生态功能。研究表明，河湖底泥污染物富集、水质污染已经成为我国一个较为突出的水环境生态问题。就污染物来源而言，工厂和生活污水直排属于河湖点源污染；水土流失、化肥及农药等污染属于河湖面源污染；底泥中污染物释放属于内源污染，已成为河湖水环境污染的主导因子之一。重金属是底泥重要污染物之一，具有潜在危害性强、环境危害持久、生态风险高等特点，在生物体内富集，会影响人类生活健康。

为改善河流、湖泊、近海等水域的水质以及保证河道正常的行洪、通航能力，我国对许多河道、湖泊、水库和海湾等水域进行了大规模的疏浚和清淤工程。如上海在 2000～2003 年，累计整治河道 1.5 万条，疏浚淤泥总量达 1 亿 m³；2003 年，浙江省河道的淤泥疏浚量达 5000 万 m³ 左右；面积 2349km²、蓄水量 50 亿 m³ 的太湖底泥总储量达到 19.12 亿 m³，其中沉积量大、污染严重而需要清理的面积为 98.8km²，清淤量在 3952 万～5928 万 m³；南水北调东线工程建设中也曾对许多输水河道进行疏浚清淤，大量底泥面临需要处理的问题。根据初步调查和测量分析，深圳市共有大小河流 310 条，现状河道底泥总量粗略估算约 2000 万 m³，其中大部分底泥属于污染等级。2015 年环境保护部发布的《水污染防治行动计划》中提出，到 2020 年，全国水环境质量得到阶段性改善，污染严重水体较大幅度减少；到 2030 年，城市建成区黑臭水体总体得到消除，其治理措施之一就是清淤疏浚。2015 年住房和城乡建设部发布的《城市黑臭水体整治工作指南》和《海绵城市建设技术指南》中都明确指出，清淤疏浚，尤其是污染底泥疏浚是快速降低黑臭水体内源污染负荷的重要途径，大量的污染底泥需要进行处置。

底泥是水体的重要组成部分，是由黏土、泥沙、有机质以及各种矿物组成的混合物，经过长期的物理、化学以及生物的共同作用后，最终长期积存于江河、湖泊、水库、港湾等水体底部的沉积物。因此，底泥中既富含大量的有机质、氮、磷等营养物质，又蓄积了多种环境污染物，底泥的污染状况是衡量水环境质量状况的要素。即便水体的外污染源得到控制，一旦江河湖泊水库等水环境条件发生变化，积累存于底泥中的 N、P、K 等营养元素，Cr、As、Cd、Pb、Hg 等重金属及部分难降解的有机物都会再一次释放进水体，作为内污染源对上覆水体水质进行影响，导致水体二次污染。另外，由于底栖生物主要的生活场所与摄食对象为底泥，污染物可直接或间接影响底栖与上覆水水生生物，致使其产生致害和致毒作用，通过生物的富集性与生物放大食物链的过程，进一步影响人类和陆地生物的健康。

改革开放以来，随着经济社会的发展和人口的增加，大量工业废水、农业废水和生活污水排入水体，致使水体水质变差，底泥淤积严重。疏浚底泥是治理水体污染的常用方法之一，即从水体中将积累了大量污染物的底泥通过工程措施从河湖底部移除。根据底泥的污染源和底泥污染状况，可将底泥由上而下分成浮泥层、淤泥层和老土层等不同垂直分布。当对河湖外污染源采取截断治理措施后，底泥浮泥层的污染物将成为主要污染源，会重新释放污染物质进入上覆水体，河湖水体水质变差。相关研究表明，目前许多河流和湖泊，特别是城市河道沉积物重金属污染严重；当外界水环境条件发生变化时，沉积物中的重金属有可能释放到上覆水体，引起水体二次污染水质变差。如我国乐安江在 20～195km 段沉积物均显示出毒性，1997 年 10 月到 1998 年 9 月武汉东湖就有高达 78.5％的磷滞留在湖内。底泥是水体污染的指示剂，其环境质量反映着水体污染状况，如何治理河湖水环境中的底泥污染问题日趋重要。疏浚清淤工程是河湖水环境整治的重要举措，它不仅可以增加水深、扩大库容、提高行洪能力、还可增强水体自净能力、改善水环境。但是，河湖疏浚出的底泥不仅量大，而且成分复杂，疏浚出来的底泥处置不当不仅会占用大量土地，而且容易产生二次污染，还浪费了资源。至今国内相关行业没有对污染底泥治理、处置及资源化利用制定明确的指导意见或相关技术规范/指南，导致诸多河湖水系综合环境治理过程中对底泥处置不重视且没有形成成熟的疏浚底泥处置技术模式。因此，如何妥善处置河湖疏浚底泥成为河湖水环境治理成功与否的关键因素，而将河湖疏浚底泥在环境风险评价的基础上进行处置、开展资源化利用会成为彻底解决疏浚底泥的出路问题、实现"废弃物"资源可持续利用的关键。

1.2 河湖底泥形成及特征

1.2.1 底泥来源

河湖底泥的形成问题十分复杂，受环境影响非常大，也是一个漫长的过程，大部分是通过水体外部和水体内部两种途径，一般从底泥沉积物的形成角度可将底泥分为化学沉积吸附、生物沉积和碎屑沉积等典型类型；其物质组分通常是黏土、泥沙、有机质及各种矿物的混合物，经过长时间物理、化学及生物等作用及水体传输而沉积于水体底部形成。河湖周边汇水面积大小、地形地貌、地质高背景、土地利用状况、降雨量、典型污染源、污染源成分、土壤类型及水土保持状况等外部因素是决定底泥沉积物物质组分；河湖自身形状、水流量、流速、河湖宽度、水生生物、水环境负荷、水生态状况、水体温度、河湖大小及河道比降等自身因素是决定底泥沉积物的量和特征。

1.2.2 底泥特征

相关研究表明，河湖底泥中污染物主要是通过大气沉降、废水排放、水土流失、雨水淋溶与冲刷等进入水体，最后沉积到底泥中并逐渐富集，使底泥受到污染。部分学者对江苏南京市区主要河流底泥重金属形态分布研究表明，底泥中 Pb、Cu、Zn、Ni、Cd 等主要是以有机结合态和残渣态存在，也有研究表明底泥中重金属的生物有效性较高，总体而言底泥中的重金属富集程度较高，是河湖水环境中污染物的富集体，主要是重金属污染为主，有机污染次之，污染物的类型、污染程度及污染状况是制约底泥土地利用的关键因素。底泥物理性状也是开展底泥土地利用研究中关注的热点问题，通常中上层底泥容重与陆地土壤基本相近，其粉粒、沙粒及黏粒结合比较合理，较常规种植土壤而言底泥中粉粒和黏粒整体含量较高，底泥在脱水干化后容易出现板结的现象；从农学肥力角度而言底泥中一般是富含全氮、全磷、全钾及有机质等，适合作为改良土壤肥力状况的主要物料，但是有机质含量高的疏浚底泥随着所赋存外部环境条件的变化，有机物质在厌氧环境条件下通过生物化学转化过程，会产生 NH_3 和 H_2S 等臭味物质；底泥具有较高的持水特征，随着疏浚底泥含水率的逐渐降低其颜色也会从黑色逐渐转化为灰色。

1.3 河湖底泥污染机理及资源化利用

1.3.1 污染评价

国内外对河流底泥重金属污染的研究非常多。文献显示，几乎大小河流都受到重金属污染。河湖底泥的研究成果多集中在对重金属的测定、空间分布以及污染评估，贺勇等测定了淮河中下游底泥 6 种重金属和有机质的含量，探讨了其分布特征，分析了它们之间的相关性。严睿文和李玉成对采集淮河安徽段水及沉积物样品，利用 ICP-AES 进行重金属分析。孙振军采用火焰原子吸收法测定样品中重金属元素铜、锌的含量，通过对青格达湖底泥中重金属元素测定及分析初步确认现阶段青格达湖污染状况。借鉴土壤中相关污染物的检测方法，在底泥沉积物污染物实验室检测方面均取得了快速的发展。

在河湖底泥污染调查及评价方面的研究一直是广大学者关注的热点，余世清对上塘河浙工大梦溪桥（S1）、大关胜利河闸（S2）、丁桥赤安桥（S6）等 6 个点位的底泥重金属进行了采样监测，结果表明底泥重金属含量分布不均，且范围波动较大，除 1 个点铅、3 个点锌超过《农用污泥污染物控制标准》GB 4284—2018，其他重金属含量均达标。许友泽等对湘江共采集了 29 个典型重金属污染断面底泥样品，测定了底泥中重金属 Cd、Pb、Cr、Cu、Mn 和 Zn 的含量及其有效态含量，并采用改进潜在生态风险指数法评价了底泥重金属的潜在生态风险；研究表明，湘江底泥存在主要由重金属 Cd、Pb、Cr、Cu、Mn 和 Zn 构成的复合污染，Cd 的潜在生态风险最高，其次是 Pb 和 Mn，潜在生态风险指数贡献率（MRI）依次为 90.37%、4.17%、3.03%。刘永兵等研究发现海南省南渡江底泥重金属污染物主要为 Cd 和 Cu，其次为 Cr 和 Ni、Cd、Cu、Cr、Ni 样品单因素污染超标率分别为 76.92%、47.44%、56.41%、23.07%。总之，底泥中重金属含量均存在不同程度的超标，超标元素的种类、污染状况、污染源、空间分布等都存在显著的差异性，在进行底泥利用时首先要对污染底泥进行取样调查，依据底泥资源量、污染类型、污染程度、潜在生态风险指数及资源化利用方向进行综合评价所疏浚底泥，科学制定疏浚底泥处置方案。

河流底泥中重金属污染评价方法（有化学法、生态学和毒理性等多学科综合评价方法、模糊集理论，脸谱图法、地积累指数法以及回归过量分析法）的研究较多，最常用的评价方法是潜在生态危害指数法、沉积物富集系数法、综合污染指数法等。葡萄牙学者 Caeiro 等用潜在生态危害指数法对 Sado 河口底泥进行重金属的风险评价，确定了该河口的重金属污染水平的准确信息。马锐等利用潜在生态危害指数法对崇明岛运河底泥重金属进行了风险评价，最后得出该地区重金属的风险程度属于安全型，但底泥农用仍需进行长期的跟踪监测，以确保底泥农用的安全性。徐争启等就曾利用沉积物富集系数法并结合潜在生态危害指数法做过上海市黄浦江表层沉积物重金属污染评价。Abrahim 等也用沉积物富集系数法评价了新西兰 Tamaki 河口底泥中的重金属污染程度，结果显示，重金属多数富集在底泥表层，这也为该河口表层底泥清淤提供支持。另外，底泥重金属对土壤的影响、底泥重金属毒害对作物生理生化的影响、底泥土地利用农作物重金属含量调查与评估污染底泥溯源分析、河湖底泥中的重金属元素的含量及空间格局等方面的研究也较多。

1.3.2　污染物释放机理

污染底泥作为水体环境内源污染之一，底泥中污染物的迁移转化机理研究是研究的热点。沉积物对重金属等污染物的吸附过程主要有 3 种：物理吸附、化学吸附和生物吸附。其机理各不相同，分别是底泥吸附的重金属离子向沉积物间隙水游离扩散过程；沉积物间隙水与固液相界面水层的物质交换；上覆水体中重金属的自由交换过程。底泥中污染物释放的机理较复杂，目前研究主要集中在以下几个方面：建立底泥重金属污染释放的动力学模型，描述底泥重金属释放的动力学过程，并进行方程的拟合，分析重金属释放的机理；研究不同环境因子条件下底泥重金属的内源释放规律；分析沉积物中不同提取态重金属的时空分布特征、污染特性以及释放规律。

底泥中不同类型的污染物在水环境中的迁移、转化及释放规律差异显著。韩富涛研究了底泥重金属 Cu、Pb、Cr 在自然状态下的释放规律及其在自然干化过程中的释放，并对自然状态下的释放进行了动力学分析，研究了 pH、离子强度、水体温度对底泥中重金属释放的影响因素，明确底泥中固有缓冲物（如碳酸钙）对重金属可交换态含量的降低，从而表现为对重金属迁移的抑制作用。王少广研究了东沙连通工程实施后水体稀释对底泥沉积物中盐分分布、重金属生物有效性的影响以及疏浚对底泥中污染物赋存释放的短期和长期效应；研究结果表明底泥中有机质、总氮、总磷、酸性挥发性硫等营养物质对引水稀释的响应具有滞后性，底泥疏浚工程在短期内可降低沉积物的污染负荷，但是疏浚工程结束两年后，沉积物中污染物含量再次升高，出现污染物反复现象，初步识别该水体外源污染的输入仍未完全阻断。李薇研究了底泥中氮磷释放现象受多种外界因素的影响，其中溶解氧水平是影响底泥中氮磷释放的主要因素。在高溶解氧条件下底泥中氮的释放以硝态氮为主，在低溶解氧条件下底泥中氮的释放是以氨氮为主要形式；在低溶解氧条件下底泥会向水体中释放磷，而其余溶解氧状态则会抑制底泥中磷的释放。水体营养盐浓度也会影响底泥氮磷的释放，当水体磷营养盐浓度越高，会促进底泥对磷的吸附。

1.3.3　资源化利用

底泥常规处理技术主要有物理法、化学法、生物法，每个处理方法均具有其自身的优缺点，如：对黑臭水体底泥进行卫生填埋处置，具有工期短、工程量大及经济投入高等特点；微生物处置黑臭底泥具有生态化、价格低廉等特征，但是微生物对环境条件要求高，只能处置特定的污染物，运行具有季节性；化学法可以快速现实降低底泥污染物生物毒性的特点，但是可能对环境造成二次污染。

综上所述，疏浚底泥的处置和资源化利用仍值得深入开展系统的科学实验和技术开发。为了实现疏浚底泥的资源化利用，国内外的研究学者们一直在做着大量的研究工作，也取得了较大的进展。

1. 土地利用

土地利用指将疏浚底泥用于林地、草地、农田、湿地、市政绿化及受到严重扰动的土地修复与重建等方面，使疏浚底泥重新进入自然界物质循环。由于土地利用能耗低，疏浚底泥开展土地利用十分适合我国地少人多的国情。将底泥直接应用于农田不仅可以提高土壤肥力（如加快有机质矿化，维持长时间磷的供应），还可以改善土壤性状（如密度减小，土壤阳离子交换量、团聚度和孔隙度增加等），并能提高蔬菜品质（如蔬菜中维生素 C 含量增加，硝酸盐含量下降）和产量等。高俊等也证明施用底泥后可以明显提高土壤有机质和氮含量，赵玉臣等通过对马家沟底泥养分分析与水稻的肥效试验结果证明，马家沟底泥及其配制成的底泥颗粒肥料含有一定量的养分，比猪粪养分含量高，具有肥效作用，它不仅能够促进水稻的生长而且还能提高水稻的产量。朱本岳等利用西湖疏浚的底泥废弃物与化肥以 2∶8 的配比混合，加工成有机无机复混肥，在蔬菜上施用结果表明，产量与等养分量的进口复合肥持平或略有增加，肥料成本降低，蔬菜中硝酸盐含量下降。虽然很多疏浚底泥中富含 N、P、K 等营养元素且其含量往往高于一般土壤，并且其重金属含量远低于《农用污泥污染物控制标准》GB 4284—2018 的有关规定。但是对于含有重金属和有机污染物的底泥必须谨慎使用，防止污染物进入食物链，减少对人体健康的危害。

把底泥通过一定的技术手段处理制成有机肥料，用于农作物栽培、花卉园艺土壤等，取得了较好的试验效果。可利用营养成分增加，病原菌和寄生虫卵减少，达到改善土壤物理性质、提高土壤保水能力及土壤团粒结构稳定性。而将底泥加工成复混肥料后，底泥的养分浓度得到提高，并可能作为商品肥纳入市场流通领域，但是上述用途必须是要严格控制底泥中重金属风险影响。

基质栽培是指用固体基质固定植物根系，并通过基质吸收营养液和氧的一种无土栽培方式，是一项高新技术，它以其省工省力、省水省肥、优质高效、环保、少污染以及避免连作障碍等优点正逐渐在农业、设施园艺及园林绿化育苗中推广，具有良好的环境、经济和社会效益，有着广阔的市场前景。

疏浚底泥的理化性质与陆地土壤的理化性质相似，含有大量植物生长所需的各类营养元素，能够促进草坪树木更快的生长，可应用于各项园林绿化工程、矿山植被生态恢复。范志明等在园林绿化工程中应用疏浚底泥后发现，即便是不同类型土壤，添加了疏浚底泥的土壤植株鲜重比未添加疏浚底泥的土壤植株鲜重明显有所提高，主要是因为添加底泥后土壤的肥力提高了。苏德纯等将北京官厅水库的疏浚底泥改良后，用于种植玉米、苜蓿和杏树苗等植物，实验结果表明，疏浚底泥改良后可以构建人造土壤耕作层，能够成为良好的植物生长介质，为资源化利用疏浚底泥提供了新的思路。

中交天津港航勘察设计研究院将一期工程疏浚出的底泥吹填于巢湖大堤的外侧，很好的处置了疏浚出的巢湖污染底泥；纽约也曾用疏浚底泥对七类栖息地（人工岛礁和浅滩、牡蛎礁、潮间带湿地和滩涂、野生动物岛屿等）进行植被生态修复，取得了很好的效果；

美国新泽西州的坎伯兰县为了应对地面沉降、海平面上升和海岸侵蚀等对湿地造成的破坏，就曾利用疏浚底泥用于湿地的修复，还有荷兰的风车岛和华盛顿的部分岛屿都是利用疏浚底泥堆积而成的成功案例。对于严重受扰动的土地已失去土壤优良特性，无法直接植树种草的土壤，可通过将疏浚底泥加入其中后，增加土壤养分，改良土壤特性，促进地表植物生长。底泥可用于修复此类土地，不仅可改善土壤的物理、化学及生物学性质，恢复改善生态环境，还可避开底泥污染物进入食物链，减小了对人类生活的潜在威胁。综上所述，底泥土地利用是解决疏浚底泥处置及资源化利用途径之一，应用在农田改良土壤、矿山植被恢复种植土、园林草皮种植土、底泥质市政园林绿化肥料等土地利用模式均是以底泥污染物含量达标、污染生态风险可控、土地利用远离生态敏感区及避免底泥污染进入食物链为前提条件。

2. 建筑材料

疏浚底泥可以取代黏土用于生产陶粒、砖、水泥、瓷砖或者制造固化玻璃，这不仅能节约黏土资源，减缓建材制造业与农争土，保护耕地，又具有可观的经济效益和发展前景，是疏浚底泥资源化利用的重要途径。

高红杰等研究表明细河底泥的主要成分基本满足一般陶粒化学成分的要求，可以用来制作陶粒，在烧结过程中存在于底泥中的重金属也发生了挥发和固化。当前我国陶粒原料以黏土为主，但是黏土资源的大量开采，已影响到农村耕田的数量和质量。因此，若能利用河道底泥替代黏土制造陶粒，不但会减缓建材制造业与农争土，而且还为底泥处置找到了合理出路。刘贵云等对彭越浦河道底泥的化学成分、粒径分布进行了测定，结果表明利用该底泥制备陶粒是可行的。河道底泥制砖技术在国内外都得到了较好的应用。底泥制砖是由于其具有颗粒细、含沙量少、可塑性高、结合力强等特点，并且底泥中含有以水铝酸盐为主的各种矿物，底泥经过预处理后按一定比例与石英砂混合制砖，这种砖的抗压强度和烧成收缩比石英砂砖要高，而且相关试验也表明这种砖不会对环境造成危害，具有较高的实用性。在德国不来梅港，每年可疏浚底泥约 60 万 m^3，这些底泥有较好的同质性、矿物学和化学组成，以它们为原料生产出来的建筑用砖不仅符合德国工业标准，并且不会对环境造成影响。

我国也借鉴发达国家的技术来发展底泥水泥化产业。杨磊等通过工业试烧确定了利用苏州河底泥生产水泥熟料的工艺参数，并对水泥熟料的性能进行了分析，实验结果表明苏州河底泥可以满足水泥生料的配料要求，该底泥中所含的有机污染物和重金属元素在水泥生产中和产品使用中对环境和人体均不会造成二次污染和危害。

3. 污水处理材料

近年兴起的一项新技术是使用疏浚底泥制备污水处理材料，此项技术将制备的产品用于污水处理，处理效果良好并实现了疏浚底泥的资源化利用，产生了良好的环境与社会效益。近几年利用污泥制备活性炭技术日渐成熟，应用领域广泛，可借鉴此项技术开发底泥活性炭，用其来处理废水和废气，将具有广阔的发展前景。任乃林等利用底泥吸附处理了模拟含 Cr 废水，结果表明，底泥对废水中铬具有较强的吸附能力，底泥对铬的吸附量及去除率远远大于陶土。而刘贵云和王士龙等也分别利用底泥制备的陶粒用于城市污水 NH_3-N 及 COD_{Cr} 和工业含铅废水的处理，也同样取得了良好的去除效果，达到了以废治废的目的，体现了循环经济的要求，实现了资源的可持续利用。

4. 填方材料

将疏浚底泥进行固化处理，即向疏浚底泥中添加固化材料，使底泥中的水和黏土与固化材料产生物理化学反应，改善疏浚底泥工程性质使其符合工程要求，之后可以作为填方材料使用。另外，还可以采用固化和轻量化技术开发可再生土工材料，这样既解决了土石资源的匮乏问题，又实现了疏浚底泥的资源化利用，且具有良好的经济效益，经改良疏浚底泥可用于道路路基、填土工程和筑造堤防等工程，该技术对中重度污染底泥进行固化稳定化处理，经过环境检测达标后可以作为路基填筑材料、河道护岸砖等建筑材料。

在国内，邵玉芳等就将太湖底泥用于路基填筑的可行性试验研究，结果表明：当固化剂质量分数为6%时，固化土体能满足路堤填料的规范要求。黄玉柱等开发了以脲甲醛和沥青等高分子有机物为基材的固化技术，增容比相对较小，固化体的重量也较轻。范昭平等发现对有机质含量较高的淤泥进行固化处理时，采用水泥-石膏复合型固化材料的固化效果要明显高于单一水泥的固化效果。荷兰的 Dijkink 等采用 DOMOFIX 工艺对河道底泥进行稳定化处理后用于建筑材料的试验。在法国，利用底泥或者将底泥与钢渣混合使用修建道路路基的实例。在日本，名古屋的人工岛和中部国际机场就部分使用了固化处理的疏浚泥作为建筑填方材料。在国内，朱伟等在总结国外经验的基础上结合我国实际条件，将深圳盐田港中港区的疏浚底泥进行固化处理作为填方材料用于填海工程。将疏浚底泥用于筑造堤防在"治理太湖"国家重点水利工程—湖州市导流港拓浚等工程中得到了很好的实践，继而又在南浔区万里清水河道工程中推广应用，也取得了良好的效果。张春雷等将无锡五里湖的疏浚底泥固化处理后用于筑堤进行试验，试验结果表明，该疏浚底泥满足筑堤基本要求，可作为合格的土方材料使用。

5. 展望

可靠、无害、稳定是疏浚底泥资源化利用应遵循的三大原则。根据疏浚底泥的成分特征与来源，结合当地的经济技术条件，更客观更科学的选用疏浚底泥资源化的方式，研究疏浚底泥污染程度与成分之间相关性，以确保在资源化过程中取得最优方案。资源化利用疏浚底泥的过程中，应按照底泥污染程度进行分类，污染指数不同的疏浚底泥，采用不同的资源化利用手段，争取获得最大的经济生态环境效益。对于疏浚量过大的工程，需要成立专门的疏浚及资源化利用研究机构，以便制定科学的疏浚措施，确保疏浚出来的底泥的有效利用。

目前国内外关于重金属污染底泥应用的研究多以盆栽形式，但其有较大偶然性，而以相关性高的大田试验研究较少；在农业土地整治中，开展底泥质耕作层土壤替代外源客土，研究底泥质耕作层土壤的大田蔬菜种植试验，并根据《食品安全国家标准 食品中污染物限量》GB 2762—2017，对所种植蔬菜的重金属含量特征及安全评价方面的研究更是缺乏。

第2章 海口郊区南渡江河塘底泥养分状况及重金属污染评价

2.1 底泥污染评价背景及目的

2.1.1 调查评价背景

底泥是水体中污染物的主要蓄积场所,既含有多种有害成分,也含有丰富的氮、磷及有机质等;作为水体生态系统的重要组成部分,是水生态系统物质循环与能量流动的重要环节。河湖疏浚治理产生大量底泥集中排放,会占用大量土地堆存,同时底泥中的有害成分因淋失会产生二次污染,而各种有益成分的淋失使底泥中营养元素不能得到充分利用,浪费了资源。所以,底泥的无害化处理与资源化利用研究备受关注。疏浚底泥的土地利用是一种有发展潜力的处置方式,兼具经济效益与环境效益,其核心是依据相关环保标准控制其中的污染物含量和土地生态环境负荷量。

农田土壤重金属污染会影响农作物产量、品质和食品安全,危及人类健康,是人类面临的主要环境污染之一。相关研究结果表明底泥的物理性质和污染是底泥农业土地利用的限制性因素。已有研究多集中在底泥重金属对土壤的影响、底泥重金属毒害对作物生理生化的影响、污染底泥重金属特征分析与风险评估、底泥土地利用后农作物重金属含量调查与评估、河流沉积物中重金属污染评价方法(化学法、生态学和毒理性等多科学综合评价方法、模糊集理论、脸谱图法、地积累指数法以及回归过量分析)、河湖底泥重金属元素含量特征及空间格局、典型区域河流底泥重金属迁移转化等方面。脱水底泥一般黏粒含量较高,孔隙度低,干后龟裂非常坚硬,对植物生长阻碍,同时底泥中含有大量有机质、速效氮及速效磷等物质是作物生长的有益元素。一般而言,底泥总体养分含量较高,垂直分布没有明显规律,河湖底泥中较为丰富的养分状况为底泥土地利用奠定了良好的物质基础,而底泥污染物的控制和底泥理化性状改善是实现疏浚底泥无害化和资源化利用的前提条件。

2.1.2 调查评价目的

所研究的底泥疏浚工程属海南省海口市南渡江30万亩土地整治重大工程项目中的重要内容,拟对清淤底泥经生态修复后作为土地整治工程中的耕作层土壤。开展底泥中养分状况及重金属污染评价是实施河塘底泥生态疏浚和农业土地利用的前期基础。

本章研究以海南省海口市南渡江流域 $2 \times 10^4 hm^2$ 土地整治重大工程(国土资源部重大项目)为依托,选择土地整治工程项目区海口市郊区南渡江新坡河塘为典型研究区域,以河塘疏浚底泥的养分和重金属污染状况为研究重点,基于现场采样与室内数据检测。选择《食用农产品产地环境质量评价标准》(HJ/T 332—2006)和全国第二次土壤普查养分分级标准作为底泥重金属和养分评价标准,在地统计学和GIS技术支持下,分析该河塘底泥养分状况

（有机质、全氮、全磷、全钾）及 8 种重金属（铬、镍、铜、锌、砷、镉、铅、汞）数据特征，并通过模糊综合评价法评价底泥养分状况、内梅罗综合污染指数法评价底泥重金属污染状况、基于 GIS 技术开展综合污染状况空间分析，旨在全面了解该河塘底泥的养分状况及重金属污染状况，为疏浚底泥开展农业土壤资源化利用和管理提供科学依据和技术支撑。

2.2 研究区概况及研究方法

2.2.1 研究区概况

海南省南渡江流域位于 $109°12'\sim110°35'E$、$18°56'\sim20°05'N$，南渡江是海南岛第一大河流，干流全长 333.8km，流域面积 $7056km^2$。干流发源于白沙县南峰山，地势西南高东北低。东北向流经白沙、儋州、琼中、澄迈、屯昌、定安至海口市三联村汇入琼州海峡。上游主要为中低山，下游为丘陵及平原。流域两岸土壤类型垂直分布明显。流域内属热带季风气候，全年高温，旱雨两季明显；年平均气温 $23\sim25℃$；年均降雨量为 1780mm，每年的 $5\sim10$ 月份是雨季，占全年总降雨量的 $70\%\sim90\%$。年径流与年降雨量分布规律基本一致，多年平均径流深由北向南变化范围在 $920\sim1336mm$。水系发达，河塘遍布，多年平均水资源总量约 69.45 亿 m^3，农业生产用水较多，中下游河段水质属于 Ⅳ 类，农业种植和养殖面源污染为主。

新坡河塘位于南渡江流域东北部的南渡江下游，距入琼州海峡 45km 处；属海口市郊区龙华区新坡镇内，$110°20'\sim110°21'E$，$19°45'\sim19°47'N$，平均海拔 $8\sim11m$，河塘两岸地势略高，为自然形成河塘。河塘长度约为 3.6km，水域面积约 $80hm^2$，水流方向为由南向北最终汇入南渡江，河塘蓄水主要是周边陆地降雨径流汇集及河溪补充，塘内水流缓慢，流出量小，底泥沉积较多。河塘周边无工业矿区重金属污染源，区域土壤为基性火山岩发育形成（Cr、Cu、Cd 背景值相对较高，属酸性土壤），下游周边土地利用类型以耕地为主，上游周边为次生林地、杂草地；属项目区内典型的集渔业养殖与农业灌溉一体的大型蓄水塘，水域中部有一座小桥将河塘分为上游段（小桥以南）和下游段（小桥以北），上游水面较狭窄、下游水面宽阔。如图 2-1 所示。

2.2.2 样品采集

综合考虑河塘形态、水域面积、断面特征、流速、特征水位线、底泥沉积状况及采样点布设的代表性、均匀性等，采取典型断面布点（上游段）和网格法布点（下游段）相结合，确保所采集样品能够全面反映该河塘底泥的整体分布状况，河塘水域及现场取样如图 2-2 所示。

新坡河塘上游段采用典型断面布点法布设采样点，布设采样断面 11 个，断面之间距离约 $100\sim150m$，典型断面上分为河左岸、河右岸及河中部等 $3\sim4$ 个采样点，共采 45 个底泥样品；河塘下游水面宽阔，采用网格布点法，每个采样点控制面积为约为 $3000m^2$，均匀布设 33 个采样点，下游段共采样品 33 个，河塘共计采样 78 个底泥样品，采样点如图 2-1 所示。同时在河塘附近采集农田和林地土样各 1 个（每个土样由 3 个对应的土壤采样品混合后进行测试）。采用抓斗式采泥器采集底泥样品置于玻璃器皿，用塑料勺取其中央未受干扰的表层 $0\sim30cm$ 底泥于聚乙烯袋，$0\sim4℃$ 下保存。

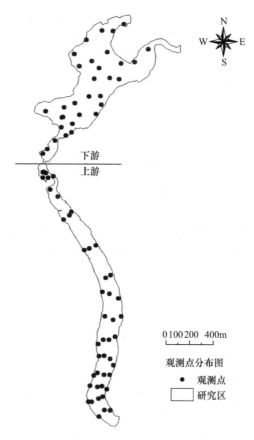

图 2-1　新坡河塘底泥采样点分布示意图

图 2-2　新坡河塘水域现状

2.2.3 样品处理与分析

底泥样品自然风干后，去除砂砾、石块等杂物，在烘箱内低温烘干至恒质量，碾磨与过筛 100 目处理。每个土样准确称取 0.2500g，加少量蒸馏水润湿并加入 3mL 盐酸，在 95℃温度下加盖加热 30min，打开盖子依次加入 5mL 硝酸和 5mL 氢氟酸，再在 118℃温度下加盖加热 2min，打开盖子，逐滴加入 5～10mL30% H_2O_2，之后在 175℃温度下加热至 5mL 以下，晾凉后加入饱和硼酸 2～5mL 并定容至 25mL，最后过 0.45μm 膜密封待测。进行完前处理后的待测样品的 Cu、Zn、Pb、Cd、Fe、Cr、Ni 使用 Thermo Fisher X Series II 电感耦合等离子体质谱仪（ICP-MS）进行测定；Hg、As 用原子荧光光度计（AFS-930）测定，分析中采用 8 个平行样和环境标准样品分别控制样品分析的精确性和准确性，重金属元素平行样的相对误差和标准物重金属回收率都在可接受范围内，样品测定相对标准偏差（RSD）＜3%。土壤 pH、有机质、全氮、全磷、全钾采用《土壤检测　第 2 部分：土壤 pH 的测定》（NY/T 1121.2—2006）进行规范测定，测试质控数据合理，达到相应的精度要求。对所采集的 78 个底泥样品进行了重金属指标检测分析。

从上述 78 个底泥样品中选取 34 个典型样品进行河塘底泥养分数据特征分析，其中河塘上游段选取样品 19 个，下游段选取样品 15 个，河塘附近农田和林地各取样品 1 个（作为陆地土壤对照点），分别对样品的全氮、全磷、全钾和有机质进行检测。

2.2.4 评价方法

1. 评价标准

基于底泥用作土地整治工程中耕作层土壤的目标，研究中采用《食用农产品产地环境质量评价标准》HJ/T 332—2006 及全国第二次土壤普查养分分级标准，作为底泥肥力和重金属污染评价的标准。

2. 内梅罗综合指数评价法

目前，土壤重金属污染评价方法有内梅罗综合污染评价，Hakanson 潜在生态风险评价，模糊数学模型，地累积指数法等。其中内梅罗综合污染指数法是国内外进行综合污染指数计算最常用的方法之一，它同时考虑了污染物的平均值和最大值，可以全面反映各污染物对土壤的不同作用。

$$P_i = \frac{C_i}{S_i} \tag{2-1}$$

式（2-1）中，P_i 为土壤中污染物 i 的环境质量指数，选自《食用农产品产地环境质量评价标准》（HJ/T 332—2006）中蔬菜种植标准；C_i 为污染物 i 的实测值 mg/kg；S_i 为污染物 i 的评价标准，mg/kg。P_i＞1 表示污染；P_i＝1 或 P_i＜1 表示未污染；且 P_i 值越大，则污染越严重。

$$I = \sqrt{\frac{P_{imax}^2 + (1/n\sum P_i)^2}{2}} \tag{2-2}$$

式（2-2）中，P_i 为土壤中污染物 i 的环境质量指数；P_{imax} 为底泥各环境质量指数的最大值；n 为评价样品中重金属元素个数。土壤污染水平分级标准见表 2-1。

			土壤污染水平分级标准	表 2-1
等级	P_i	$P_综=I$	污染等级	污染水平
1	$P_i<1$	$P_综\leqslant0.7$	安全	清洁
2		$0.7<P_综\leqslant1$	警戒级	尚清洁
3	$1\leqslant P_i<2$	$1<P_综\leqslant2$	轻微污染	土壤轻污染，作物开始受到污染
4	$2\leqslant P_i<3$	$2<P_综\leqslant3$	中度污染	土壤作物受到中度污染
5	$3\leqslant P_i$	$3<P_综$	重污染	土壤作物均受污染已相当严重

注：P_i 为底泥单一污染物环境质量指数，$P_综$ 为底泥各污染物综合环境质量指数，I 为内梅罗综合污染指数。

3. 模糊综合评价法

据实地调查及相关资料分析选择有机质、全氮、全磷、全钾作为河塘底泥养分评价因子。采用正规化变换对各评价指标数据进行标准化处理，运用灰色理论模型，并根据养分指标的权重系数对不同类型、不同地段的底泥养分进行灰色关联度计算与评价。

4. 潜在生态风险指数评价法

从沉积学角度提出重金属的污染评价，该方法将底泥重金属含量、重金属污染物的种类数、重金属的毒性水平与水体对重金属污染的敏感性有机地结合起来，采用具有科学的、等价属性指数分级法进行评价分析，可用来表征底泥土地利用后的环境风险。其计算公式为：

$$E_{RI} = \sum_{i=1}^{n} E_r^i \tag{2-3}$$

$$E_r^i = \frac{T_r^i C_{表层}^i}{C_n^i} \tag{2-4}$$

式 (2-3)、式 (2-4) 中，E_{RI} 为多种重金属综合潜在生态风险指数，对应的潜在生态风险程度有轻（$E_{RI}<150$）、中（$150\leqslant E_{RI}<300$）、强（$300\leqslant E_{RI}<600$）、很强（$E_{RI}\geqslant600$）和极强 5 个等级；E_r^i 为单项重金属 i 潜在生态危害系数，其对应的单项潜在生态风险程度有轻微（$E_r^i<40$）、中等（$40\leqslant E_r^i<80$）、强（$80\leqslant E_r^i<160$）、很强（$160\leqslant E_r^i<320$）和极强（$E_r^i\geqslant320$）；T_r^i 为重金属 i 的毒性响应系数，其中，Cr、Ni、Cu、Zn、Cd、Pb、As 和 Hg 的毒性系数值分别为 2、2、5、1、30、5、10 和 40；$C_{表层}^i$ 为某一重金属 i 的实测浓度值；C_n^i 为重金属 i 的评价参考值。

5. 图形制作与数据统计

采用 AreGIS 9.2 地理统计模块进行模拟分析底泥重金属含量的污染空间；基于表 2-1 进行污染等级划分。利用 Excel 和 SPSS17.0 等统计软件对数据进行统计分析。

2.3　养分特征与肥力评价

2.3.1　养分含量特征分析

从表 2-2 可知，该河塘下游段底泥的全氮、全磷均值含量较上游分别高出 32.45%、11.88%，而下游段底泥的全钾、有机质均值含量较上游分别低 14.64%、14.62%；上游段底泥的各个养分指标的变异系数普遍高于下游段，表明上游段底泥的养分数据变幅较大，养分的空间异质性较大。

整个河塘底泥全氮含量范围为 $0.1300 \sim 6.7600g/kg$，均值为 $2.8717g/kg$。其中，上游段底泥全氮均值为 $2.3695g/kg$，下游段底泥全氮均值为 $3.5078g/kg$，下游全氮含量平均值高于上游。上游段底泥全氮含量变异系数为 0.5913、下游段为 0.3916、整段为 0.5166，下游底泥全氮含量较上游均匀，整段全氮含量差异性较大。

全磷含量范围为 $0.1097 \sim 2.3108g/kg$，均值为 $1.1824g/kg$。其中，上游底泥中全磷含量均值为 $1.1160g/kg$，下游段均值为 $1.2664g/kg$，下游底泥全磷均值含量要高于上游；上游段底泥变异系数为 0.5642、下游段为 0.3184、整段为 0.4562，说明下游底泥全磷含量较上游均匀，整段全磷含量差异性较大。

全钾含量范围为 $2.3000 \sim 16.8000g/kg$，均值为 $9.3000g/kg$。其中，上游段底泥均值为 $9.9421g/kg$，下游段均值为 $8.4867g/kg$，下游全钾含量平均水平低于上游。

有机质含量范围为 $22.7195 \sim 167.8769g/kg$，均值为 $92.9408g/kg$。其中，上游段底泥均值为 $99.3443g/kg$，下游段底泥均值为 $84.8298g/kg$，下游有机质含量平均水平稍低于上游。有机质的变异系数分析可知下游段底泥样品中有机质含量差异较上游小。

底泥的 4 种养分含量总体在上游差异性较下游大，主要是上游流速较下游大，下游流速慢河塘内沉积分布的较均匀。全氮和全磷含量在下游增加，下游周边农田分布多，农田施肥随径流对下游底泥中全氮和全磷含量增加的贡献较大，同时下游水面宽阔流速慢，沉积更多；对比上下游发现下游底泥的碳氮比（C/N＝24.18）较上游（C/N＝41.93）更合理，说明底泥在下游厌氧反应较上游好，消耗的机质较多，导致下游有机质出现减小原因。上游段周边分布着林地及荒草地，其枯落物较多，也是造成上游底泥中有机质和全钾含量较多的一个原因。

河塘底泥养分统计量表（$n＝34$）   表 2-2

养分	位置	极小值(g/kg)	极大值(g/kg)	均值(g/kg)	标准差	变异系数
全氮	上游	0.1300	4.8580	2.3695	1.4011	0.5913
	下游	1.5060	6.7600	3.5078	1.3737	0.3916
	整段	0.1300	6.7600	2.8717	1.4834	0.5166
全磷	上游	0.1097	2.1194	1.1160	0.6297	0.5642
	下游	0.5963	2.3108	1.2664	0.4032	0.3184
	整段	0.1097	2.3108	1.1824	0.5394	0.4562
全钾	上游	2.3000	16.8000	9.9421	5.1125	0.5142
	下游	2.8000	13.0000	8.4867	2.6592	0.3133
	整段	2.3000	16.8000	9.3000	4.2184	0.4536
有机质	上游	22.7195	167.8769	99.3443	51.1661	0.5150
	下游	28.4280	129.5847	84.8298	26.5918	0.3135
	整段	22.7195	167.8769	92.9408	42.2077	0.4541

参照全国第二次土壤普查养分分级标准，对底泥单个的养分指标分别进行比较分析。由表 2-2 可以看出，河塘底泥全氮含量平均值在 $2.8717g/kg$，大于 $2g/kg$，氮养分含量达到 1 级（丰）水平；全磷含量均值为 $1.1824g/kg$，大于 $1g/kg$，达到 1 级（丰）水平；有机质含量均值 $92.9408g/kg$，远大于 $40g/kg$，达到 1 级（丰）水平；全钾含量均值 $9.3g/kg$，小于 $10g/kg$，其养分含量为 5 级（缺）水平。说明该河塘底泥中全氮、全磷及有机质等肥

力状况较好；钾含量较缺，利用时要适当补钾。

利用数据频率图可以发现样品养分含量主要变化范围，排除过大或过小样品的干扰，可以体现出区域内养分含量整体水平。图 2-3 为研究河塘底泥养分含量数据频率分布。从图中可以看出，底泥样品全氮含量大于 2g/kg，即 1 级（丰）水平的样品数占总数的 67%；全磷含量大于 1g/kg、0.8～1g/kg，即 1 级（丰）、2 级（稍丰）水平的样品分别占总数的 67%、12%；全钾含量在 5.1～10g/kg、10.1～15g/kg 之间，即 5 级（缺）、4 级（稍缺）水平的样品分别占总数的 64%、35%；有机质含量大于 40g/kg，即 1 级（丰）水平的样品占总数的 85%，单从底泥营养元素含量角度来说可满足农业种植所需。

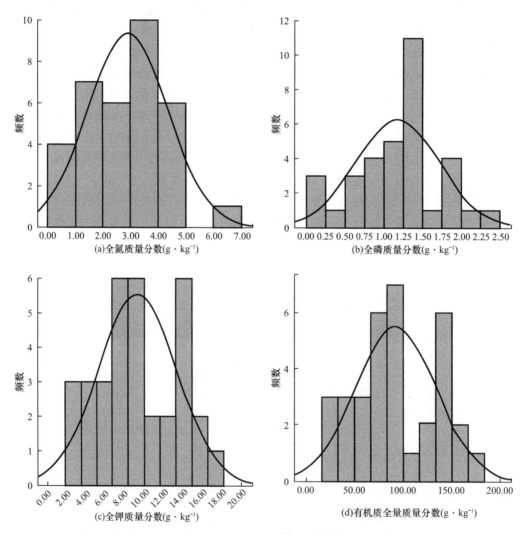

图 2-3　底泥全氮、全磷、全钾及有机质含量频谱图

2.3.2　基于灰色关联度的底泥养分评价

底泥养分评价结果是根据底泥土壤养分指标值选取养分指标最优序列，得出最终每个样本养分指标序列与最优养分指标序列的关联度，关联度越高，说明样品养分越好，本研

究选择河塘附近的农田、林地土壤作为对照。研究区底泥土壤养分指标的关联度计算结果
见表2-3。所选取的36个底泥样品，综合肥力指数最大值为0.6831，最小值为0.3485，
平均值为0.4703。河塘上游段底泥综合肥力指数范围为0.3483～0.6027，平均值为
0.4724，河塘下游段底泥综合肥力指数范围为0.3611～0.5777，平均值为0.4679。可见
上游段底泥综合肥力指数平均值高出下游段0.46％，上下游段底泥肥力变化不大。附近农
田、林地土壤的综合肥力指数范围为0.40～0.4695，河塘底泥综合肥力指数平均值高于对
照，从土壤肥力角度来看，底泥达到农业土地利用的养分条件。

土壤养分评价关联度均值　　　　　　　　表 2-3

位置	全氮 N	全磷 P	全钾 K	有机质	E_i
上游	0.4466	0.4447	0.4991	0.4991	0.4724
下游	0.5140	0.4453	0.4561	0.4561	0.4679
平均	0.4851	0.4503	0.4730	0.4730	0.4703
对照	0.3647	0.3538	0.5779	0.5779	0.4685

2.4　重金属含量分析及污染评价

2.4.1　重金属含量特征分析

由图 2-4 可知，样品 Cr 质量分数主要分布在 100mg/kg 左右，约占总样品数的
47.44％；Ni 质量分数分布较为均匀，主要集中在 30～50mg/kg 和 80～90mg/kg；Cu 质
量分数分布同样集中在 2 个区域内 0～40mg/kg 和 140～160mg/kg 的样品数占总样品数的
73.08％；Zn 质量分数分布在 120～150mg/kg，约占总样品数的 46.15％；Cd 质量分数集
中分布在 0.45～0.55mg/kg，约占总样品数的 47.44％，与 Cr 相类似。Pb、As、Hg 质
量分数分别集中在 20～50mg/kg、2.5～50mg/kg、0.1～0.2mg/kg，分别占样品总数的
47.44％、50％、30％。

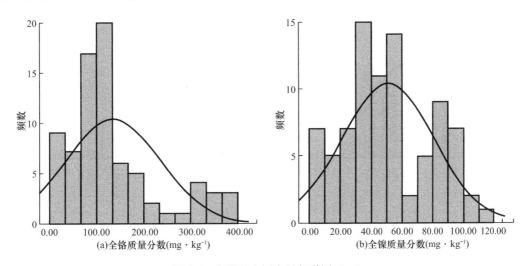

(a)全铬质量分数(mg·kg⁻¹)　　　　(b)全镍质量分数(mg·kg⁻¹)

图 2-4　底泥重金属含量频谱图（一）

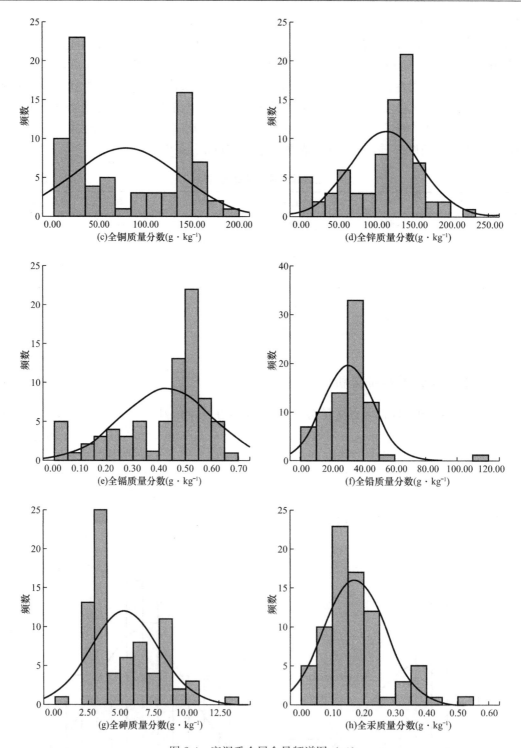

图 2-4　底泥重金属含量频谱图（二）

从表 2-4 可知，河塘 78 个底泥样品中 Cr、Ni、Cu、Zn、Cd、Pb、As、Hg 的含量平均值分别为 135.5983mg/kg、51.0098mg/kg、78.5999mg/kg、113.3576mg/kg、0.4245mg/kg、30.5595mg/kg、5.3038mg/kg、0.1739mg/kg，其中上游段的 Pb 和 As

的均值高于下游段，其余元素如 Cr、Ni、Cu、Zn、Cd、Hg 的均值比下游段小。

对照《食用农产品产地环境质量评价标准》HJ/T 332—2006 蔬菜种植土壤环境要求，该河塘底泥中 Cr、Ni、Cu 整体均值及上游段均值不超标，下游段超标；Zn、Pb、As、Hg 全部不超标；Cd 均值都超标的现象。所调查 78 个样品的单因素污染统计分析表明，Cd、Cu、Cr、Ni 样品超标率分别为 76.92%、47.44%、56.41%、23.07%，且超标幅度分别为 58.45%、104.58%、6.06%、68.48%，说明该河塘底泥主要污染物为 Cd、Cu，其次是 Ni、Cr。项目区土壤的成土母质为基性火山岩，Cr、Ni、Cu、Cd 背景值相对较高，尤其是 Cd 为代表性，且属酸性土壤。上述土壤重金属被淋溶出来，随地表径流汇入河塘中，逐渐沉降在底泥中，造成了底泥中上述重金属量的增加和超标；同时下游段底泥重金属种类超标多是因为下游水面宽阔和流速降低，底泥沉积速度加快，沉积量较上游增加，造成下游底泥重金属超标较上游多。

河塘底泥各个重金属变异系数差异明显，底泥样品中 Cu、Cr 的变异系数较大，分别为 0.7446、0.7369，说明河塘不同区域底泥中的 Cu、Cr 含量空间差异较大，分布不均；其次为 Ni、Hg、Pb 的变异系数分别为 0.586、0.569、0.516；As、Zn、Cd 的变异系数较小，分别为 0.489、0.415、0.404，空间分布相对均匀。同种重金属在河塘不同区域的差异性也较大，Ni、Cu、Zn、Cd、Pb、As 的变异系数上游大于下游；Cr、Hg 上游小于下游，总体而言下游受河水流速降低，水面宽阔原因，导致底泥的沉积量及空间分布的均匀性要好于上游。

				底泥重金属含量数据特征分析 (n=78)		表 2-4
重金属元素	位置	极小值(mg/kg)	极大值(mg/kg)	均值(mg/kg)	标准差	变异系数
Cr	上游段	4.8025	293.2413	106.0586	60.0766	0.5664
	下游段	17.3766	392.3811	175.8796	127.1185	0.7228
	整段	4.8025	392.3811	135.5983	99.9161	0.7369
Ni	上游段	1.7021	75.6296	35.6205	18.3362	0.5148
	下游段	11.1288	113.2794	71.9951	29.9848	0.4165
	整段	1.7021	113.2794	51.0098	29.8817	0.5858
Cu	上游段	1.9513	188.9951	46.5373	50.4734	1.0846
	下游段	28.4567	165.6914	122.3216	36.3581	0.2972
	整段	1.9513	188.9951	78.5999	58.5248	0.7446
Zn	上游段	3.5362	223.4946	109.1982	53.4071	0.4891
	下游段	24.4780	162.4600	119.0294	36.5136	0.3068
	整段	3.5362	223.4946	113.3576	46.9880	0.4145
Cd	上游段	0.0256	0.5946	0.3873	0.1792	0.4628
	下游段	0.0483	0.6510	0.4753	0.1483	0.3120
	整段	0.0256	0.6510	0.4245	0.1715	0.4040
Pb	上游段	2.5749	117.3106	31.4816	19.4260	0.6171
	下游段	4.8743	42.2522	29.3021	8.7850	0.2998
	整段	2.5749	117.3106	30.5595	15.7762	0.5162
As	上游段	2.6229	13.2498	6.7343	2.4834	0.3688
	下游段	0.8523	6.2350	3.3531	0.9617	0.2868
	整段	0.8523	13.2498	5.3038	2.5952	0.4893

续表

重金属元素	位置	极小值(mg/kg)	极大值(mg/kg)	均值(mg/kg)	标准差	变异系数
	上游段	0.0019	0.2486	0.1303	0.0512	0.3933
Hg	下游段	0.0190	0.5236	0.2334	0.1168	0.5003
	整段	0.0019	0.5236	0.1739	0.0990	0.5692
	上游段	4.3600	7.2800	6.0531	0.7487	0.1237
pH	下游段	5.8400	6.8200	6.3597	0.2533	0.0398
	整段	4.3600	7.2800	6.1828	0.6084	0.0984

2.4.2　内梅罗污染评价

基于《食用农产品产地环境质量评价标准》HJ/T 332—2006 和表 2-1 土壤污染水平分级标准，内梅罗综合污染指数计算的统计结果见表 2-5，本河塘底泥的重金属内梅罗综合污染指数范围在 0.1293～2.8548，平均值为 1.4187，综合评价等级为 3 级，占河塘底泥样品数的 46.15%；处于 1、2、4、5 级水平的分别有占河塘底泥样品数的 19.23%、6.41%、28.21%、0。只有一个底泥样品重金属污染严重，接近 5 级水平，4 种元素超过标准值，分别为 Ni、Cu、Cd、Pb。总体而言本河塘采集的 78 个底泥样品当中，重金属含量达安全水平、警戒水平、轻污染水平、中污染水平和重污染水平所占的比率分别为 19.23%、6.41%、46.15%、28.21%、10%，根据不同评价等级所占比例，可以判定项目区清淤河塘底泥重金属污染整体为轻微污染水平。

内梅罗综合污染指数计算统计结果　　　　　　　　　　　表 2-5

等级	污染等级	底泥样品数（个）	百分比
1	安全	15	19.23%
2	警戒级	5	6.41%
3	轻微污染	36	46.15%
4	中度污染	22	28.21%
5	重污染	0	0

2.4.3　潜在生态风险污染评价

据 Hakanson 潜在生态危害指数法计算得出底泥重金属潜在生态危害水平见表 2-6，对环境具有轻微危害的样品数为 70 个，占底泥样品数的 73.68%；20 个样品具有中等生态危害，占底泥样品数的 21.05%；具有强生态危害的底泥样品有 2 个，占底泥样品数的 2.11%；3 个底泥样品具有很强生态危害和极强生态危害均为上游段河塘。综上所述，所评价河塘底泥具有轻微生态危害风险，后期开展底泥利用时要注意生态影响。

底泥重金属潜在危害水平　　　　　　　　　　　　　表 2-6

危害程度	样品数（个）	百分比
轻微生态危害 Ⅰ	70	73.68%
中等生态危害 Ⅱ	20	21.05%
强生态危害 Ⅲ	2	2.11%
很强生态危害 Ⅳ	3	3.16%
极强生态危害 Ⅴ		

2.4.4 重金属来源分析

重金属含量的相关性分析可用于推测重金属的来源是否相同，不同重金属之间的相关性越显著，说明有相同来源的可能性越大。表2-7统计分析可知，在8种元素共28对相关关系中，呈极显著相关的有20对，占总对数的71.43%；呈显著相关的仅有1对，占总对数的3.57%；而无明显相关性的对数有7对，占总对数的25%。其中Cr、Ni、Cu、Zn元素和Cd元素互相之间均呈现极显著相关性，说明这5种元素具有相同来源的可能性较大；As与Cr、Ni元素和Cu元素无明显相关性，与Zn、Cd和Pb元素呈极显著相关；Hg元素与Cr、Ni、Cu元素呈极显著相关而与Zn、Cd和Pb元素无明显相关性，说明该区域河塘底泥Hg和As元素的来源途径差异较大。

底泥样品重金属含量之间相关性分析 表2-7

元素		Cr	Ni	Cu	Zn	Cd	Pb	As	Hg
Cr	r	—							
	P	—							
Ni	r	0.736**	—						
	P	0.000	—						
Cu	r	0.527**	0.780**	—					
	P	0.000	0.000	—					
Zn	r	0.506**	0.707**	0.572**	—				
	P	0.000	0.000	0.000	—				
Cd	r	0.495**	0.769**	0.627**	0.931**	—			
	P	0.000	0.000	0.000	0.000	—			
Pb	r	0.254*	0.393**	0.483**	0.810**	0.750**	—		
	P	0.025	0.000	0.000	0.000	0.000	—		
As	r	−0.072	−0.166	−0.196	0.475**	0.309**	0.631**	—	
	P	0.532	0.145	0.086	0.000	0.006	0.000	—	
Hg	r	0.334**	0.462**	0.407**	0.182	0.211	0.017	−0.202	—
	P	0.003	0.000	0.000	0.111	0.063	0.880	0.077	—

备注：** 表示在0.01水平显著性相关；* 表示在0.05水平显著性相关。

2.5 重金属污染空间格局分析

2.5.1 重金属含量空间异质性分析

运用ArcGIS9.2对所调查塘底泥样品中Cr、Ni、Cu、Zn、As、Cd、Pb、Hg 8种重金属元素的含量进行空间插值，分析本河塘底泥样品8种重金属元素含量的空间分布规律，为后期底泥分类疏浚提供空间技术支撑，具体分布见图2-5、图2-6。总体来说，该河塘底泥8种重金属含量空间异质性较强，也可从表2-4中的变异系数可得到验证。

Cr含量较高的区域分布在下游段南部，呈现出越往西北含量越大的趋势，而下游段北侧区域和上游段区域底泥 Cr 含量均低于 150mg/kg，属于低含量区。通过单因素污染评价也发现仅西北侧两片区域 Cr 含量略微超标，其面积约为 20.7900hm²，占河塘总面积的 26.06%；而河塘大部分区域 Cr 含量较低，其面积约为 58.9875hm²，占总面积的 73.94%。总体来看上游段底泥 Cr 的污染情况要小于下游段。

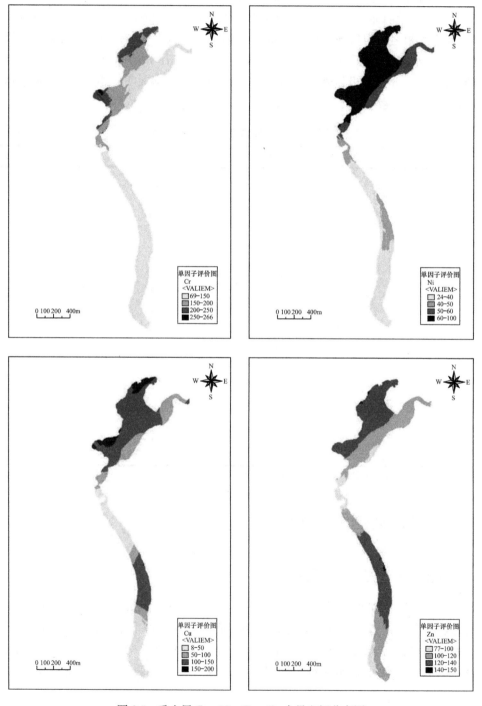

图 2-5　重金属 Cr、Ni、Cu、Zn 含量空间分布图

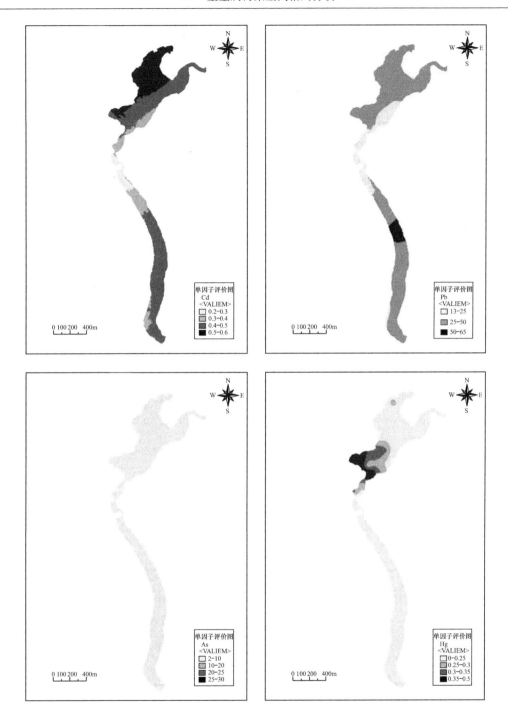

图 2-6　重金属 Cd、Pb、As、Hg 含量空间分布图

　　下游段大部分区域 Ni 含量较高，其区域含量在 60~100mg/kg，属于高含量区；上游段 Ni 含量在 24~40mg/kg，属于低含量区。单因素污染评价发现，下游段西北侧存在 Ni 含量超标 1~2 倍的区域，其面积约为 7.6475hm²，占河塘总面积的 26.06%；Ni 含量超标 1 倍以内的区域面积约为 43.4125hm²，占河塘总面积的 54.42%，Ni 含量低于标准值的区域约为 28.7175hm²。

Cu 在下游段普遍含量较高，其含量在 100～150mg/kg，上游段大部分区域含量在 6～50mg/kg，属于低含量区。重金属单因素污染评价可知，Cu 含量低于标准值的区域面积约为 18.7075hm²，占河塘总面积的 23.45％；超过标准值 1 倍以内的区域面积为 27.0025hm²，占河塘总面积的 33.85％；超过标准值 1～2 倍的区域面积约为 34.0675hm²，占河塘总面积的 42.70％。

下游段绝大部分区域和上游段的中间部位属于 Zn 含量较高的区域，其含量主要在 120～140mg/kg。重金属单因素评价可知，不存在 Zn 含量超过标准值的区域，河塘底泥 Zn 未出现污染。下游段西北侧区域属于 Cd 含量较高的区域，其含量范围为 0.5～0.6mg/kg。重金属单因素污染评价发现，Cd 含量低于标准值的区域面积仅有 3.9025hm²，主要分布在上游段的末端，占河塘总面积的 4.89％，其余区域的 Cd 含量均为标准值的 1～2 倍，占河塘总面积的 95.11％。

上游段中间部位区域属于 Pb 含量较高，面积较小，含量范围为 50～60mg/kg，上游的北端和下游的南端 Pb 含量较小，含量范围为 13～25mg/kg，其余区域含量范围为 25～50mg/kg。重金属单因素污染评价发现，上游段中间部位区域 Pb 含量超过标准值 1 倍以内，其面积约为 3.5650hm²，其余区域底泥 Pb 含量均低于标准值，面积约为 76.2125hm²，占河塘总面积的 95.53％。

河塘底泥 As 含量普遍较低，空间插值结果未出现高于 10mg/kg 的区域，重金属单因子污染评价发现，河塘底泥 As 含量普遍低于筛选值，底泥 As 未出现污染。Hg 在下游段的西南侧含量范围 0.35～0.5mg/kg；Hg 含量为 0～0.25mg/kg 的区域占河塘面积的绝大比例。

2.5.2　重金属综合污染空间异质性分析

基于表 2-1 土壤污染水平分级标准，用 GIS 对内梅罗综合污染指数评价结果进行克里格插值计算，并计算模拟出河塘污染区域分级格局，详见表 2-8 和图 2-7。

河塘重金属污染等级区域面积统计（hm²）　　　　　　　　　表 2-8

等级	$P_综 = I$	污染等级	污染水平	综合 I
1	$P_综 ≤ 0.7$	安全	清洁	0
2	$0.7 < P_综 ≤ 1$	警戒级	尚清洁	9.690
3	$1 < P_综 ≤ 2$	污染	土壤轻污染，作物开始受到污染	49.505
4	$2 < P_综 ≤ 3$	中度污染	土壤作物受到中度污染	20.583
5	$3 < P_综$	重度污染	土壤作物均受污染已相当严重	0

从表 2-8 中可以看出，河塘底泥重金属污染不存在安全水平（1 级）区域和重度污染水平（5 级）区域，警戒级污染水平（2 级）、轻微污染水平（3 级）和中度污染水平（4 级）的区域面积分别占河塘总面积的 12.15％、62.05％和 25.80％，其中轻微污染水平的区域面积为主。

从图 2-7 中可以看出，河塘上游段底泥重金属轻微污染区域比重最大，其中上端和下端出现警戒级污染水平区域，中游段小范围内存在中度污染。下游段水面较宽，污染状况空间特征明显，从东南向西北方向移动，底泥重金属污染逐渐严重，下游段西北侧底泥重金属含量呈重度污染水平，下游段东南侧底泥重金属呈轻微污染水平，其中出现小范围的重金属警戒级污染水平区域。

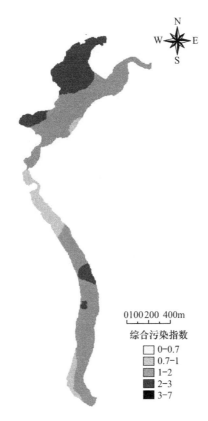

图 2-7 河塘底泥重金属污染分级空间格局

2.6 调查评价小结与讨论

该河塘上游段底泥的全氮、全磷含量较下游低，而全钾、有机质含量较下游高，下游周边农田施肥及上游周边林草枯落物等是造成差异性的缘由。上游段底泥养分数据的变异系数普遍高于下游段，整体显示出较强的空间异质性。对照全国第二次土壤普查养分分级标准，底泥中的全氮、全磷、有机质等养分指标达到 1 级（丰）水平，全钾含量为 5 级（缺）水平；河塘上游底泥综合养分指数平均值略高于对照点 0.83％，而河塘下游底泥综合养分指数略低于对照点 0.13％；整体河塘底泥养分要高于对照点 0.38％，从养分角度来说为底泥的农业土地利用提供了有利条件。

河塘底泥重金属污染主要为 Cd 和 Cu 污染，其次为 Cr 和 Ni，Cd、Cu、Cr、Ni 样品单因素污染超标率分别为 76.92％、47.44％、56.41％、23.07％，且超标幅度分别为 58.45％、104.58％、6.06％、68.48％。底泥重金属污染是因项目区土壤以基性火山岩为成土母质，上述重金属地质背景值偏高，同时土壤重金属易被淋溶出，通过地表径流汇集在河塘中，造成了底泥重金属超标。内梅罗综合污染指数评价可知河塘底泥是以轻微污染和中度污染为主，分别占样品数的 46.15％、28.21％；底泥污染具有明显的空间异质性，轻微污染水平（3 级）和中度污染水平（4 级）的区域面积分别为 62.05%、25.80%。河塘底泥重金属及污染状况具有明显的空间异质性，其污染程度随着水流方向逐渐增大，河塘下游段西侧北和上游中段重金属污染较为明显；河塘上下游水面宽阔，流速减慢，造成底泥沉积量增加，污染加重及污染空间分布异质性强。

所调查评价河塘底泥以轻微和中等生态危害风险为主，后期开展底泥利用时要开展污染底泥生态修复，减少重金属潜在的污染风险，提高底泥利用的安全性。

基于底泥污染评价等级及养分条件综合决定其土地利用方向，一般而言建议对底泥实施分类利用模式，对于无重金属污染底泥直接用作土地整治工程中的耕作层土壤构建材料；对于轻度重金属污染底泥进行重金属稳定化修复后可用作耕作层土壤构建；对于中度重金属污染底泥，经对底泥重金属实施稳定化后，用来改造边际土地种植非食物链能源作物或园林绿化用土；对于重度重金属污染底泥建议实施卫生填埋等底泥处置措施。上述底泥分类利用模式既能减少重金属潜在的污染风险，又提高底泥利用的安全性，还实现了资源化利用。

第3章　海口城区河湖底泥养分状况及重金属污染评价

3.1　底泥调查评价背景及目的

3.1.1　调查评价背景

河湖底泥是河湖生态系统的重要组成部分，作为水环境中污染物的载体，其不仅是营养物质循环的中心环节，也是重金属等污染物的主要蓄积库，是河流水体内源污染重要来源。一方面，水体中存在的有机物、重金属等各类污染物质通过吸附、络合、絮凝、沉降等作用积累在沉积物中。另一方面，沉积物时刻与上覆水体进行着物质与能量交换，污染物处于吸附与解吸的动态平衡状态，即使外源污染受到控制，污染物通过溶解、解吸等作用由沉积物向水体迁移，形成河流污染物的内源负荷。综上所述，底泥沉积物在整个河流系统的物质能量循环中发挥着不可或缺的作用，是河流污染控制中至关重要的因素。随着城市快速发展，城区河流水系沉积物重金属污染研究日益受到关注，研究表明城市河流沉积物重金属污染与城区居民生产废水、生活污水、城区地面雨洪、城市垃圾无序堆放等人类高强度活动有着较强的相关性；城区河湖水系水量不足、部分生活污水排放等多重因素决定了城区河湖底泥重金属污染严重且复杂的特点。

近年来，随着海口城市化进程加快，由于城市污水处理及地下排污管线建设滞后等原因，导致部分生活污水排入城区河湖水系中，海口市区河湖水流水质一直在Ⅳ～Ⅴ级，部分河段出现黑臭水体。海口市政府非常注重市区水环境治理工作，2010年海口市人民政府制定了《海口市蓝线规划》（2010—2020），旨在恢复美丽水城洁净的生态水系。2015年海口市人民政府为深入推进河道整治，进一步提高城市水环境质量，提升社会文明程度，创建"全国文明城市"和"国家卫生城市"的目标，市政府制定了《海口市水域综合整治工作方案（2015—2017年)》、《海口市中心城区水环境综合整治实施方案》及《2016—2017年海口河道管理条例实施办法》。按照上述方案的工作内容及要求，近3年内需重点解决好海口市区内美舍河水系、鸭尾溪（白沙河）水系、龙昆沟水系、电力沟、龙珠沟、秀英沟、观海台排洪沟、金牛岭水系及人民公园东西湖等中心城区重要河湖的水环境污染问题，其中清淤疏浚治理内源污染是实现水环境改善的重要途径之一。在开展污染河湖生态综合整治前，需要对底泥开展全方位、系统的取样调查评价，为河湖污染治理工程方案提供底层技术支撑，同时为疏浚底泥后期利用或处置奠定基础。

3.1.2　调查评价目的

本章研究选择海南省海口市城区典型河湖水系海口人民公园东西湖水域作为调查对象，以疏浚底泥的养分和重金属污染状况为研究重点，基于现场采样与室内数据检测。基于城区河湖底泥污染状况，选择《土壤环境质量　农用地土壤污染风险管控标准（试行）》

GB 15618—2018 和全国第二次土壤普查养分分级标准作为底泥重金属和养分评价标准，在地统计学和 GIS 技术支持下，分析该公园东西湖底泥养分状况（有机质、全氮、全磷、全钾）及 8 种重金属（铬、镍、铜、锌、砷、镉、铅、汞）数据特征，通过模糊综合评价法评价底泥养分状况、内梅罗综合污染指数法评价底泥重金属污染状况、GIS 技术开展综合污染状况空间分析，旨在全面了解该公园水域底泥的养分状况及重金属污染状况，为疏浚底泥处置提供科学依据和技术支撑。

3.2 东西湖水域概况

海口东西湖最早为人工湖，面积 68600m²，上游入水来自美舍河，下游通过排泄明沟流入大同沟，具体地理位置见图 3-1。从 1988 年开始，海口市对东西湖进行过三次"大整治"。第一次治理在 1998 年，湖水 COD 监测指标超《地表水环境质量标准》"四类水"标准 1.6 倍，湖水发黑发臭，藻类繁生。1990 年 1 月原国家环保局将东西湖列为国家第二批限期治理项目，然而短期治理效果不佳。第二次治理在 2006 年，海口市将东、西湖、大同沟、龙昆沟等列入清淤工程，东西湖淤泥量有 6 万 m³，由于生活生产污水排入中心城区暴露的水体，并且东西湖由于湖沟缺乏活水补充，淤泥再次沉积河湖沟，东西湖的水质依然得不到实质性的改善。第三次治理工程 2009 年～2011 年，海口市开启了水环境综合整治一期工程，当时要实现中心区河湖沟水清、无异味的目标。该工程每年从松涛水库、羊山水库和沙坡水库引水 4000 万 m³ 经美舍河入中心城区，向红城湖和东西湖补水。随着美舍河沿岸污水排放加剧，水质日益恶化的美舍河下游污水被直排进东西湖，东西湖水质再度恶化。如图 3-2 所示。

图 3-1 海口市东西湖位置

图 3-2 海口市东西湖水质现状（2016.09.20）

3.3 调查技术路线与研究方法

3.3.1 调查技术路线

本章中城区东西湖底泥调查及评价是按照图3-3中的技术流程开展相关工作。

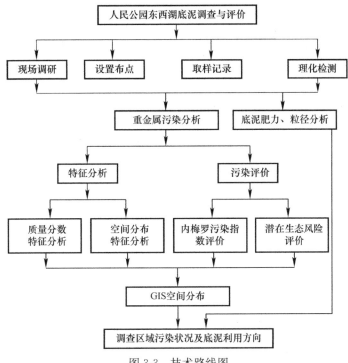

图 3-3 技术路线图

3.3.2 采样点设置

结合所调查水域形状，底泥采样布设采样点是以尽可能少的点全面准确地监测出底泥的污染情况，因此设点时要尽可能覆盖整个湖面。均匀的网状布点法适用于那些污染较为平均的湖泊，但大多数湖泊由于处于工业或生活区，湖边一般有众多的排污口，因而底泥污染程度并不均匀一致，这时就需要在排污口附近加密采样点。一般来说，样点间距在20m左右是合适的，间距过大会给污染范围的确定造成一定困难。间距过小则会加大工作量，使监测成本增加。点间距宜根据湖面大小适当放大或缩小。

基于所调查东西湖水域空间形状规则和水域水流缓慢等特点，底泥调查采用网格法布点采样，每个网格大小控制在40m×40m，确保所调查水域底泥取样点空间分布的代表性、全面性及系统性。所调查水域共计采集底泥样品44个，其中东湖取样32个，西湖取样12个，样品采集点空间布局见图3-4。

3.3.3 样品采集与分析方法

采样工作于2015年8月14日～2015年8月24日进行，采用手提式抓斗采集，GPS

精确控制采样位置。底泥采集深度在 0～40cm，装入聚乙烯自封袋中带回实验室进行前处理。样品前处理过程、底泥评价指标的选择、评价指标的检测与分析均参照第 2 章相关内容。采样过程见图 3-5。

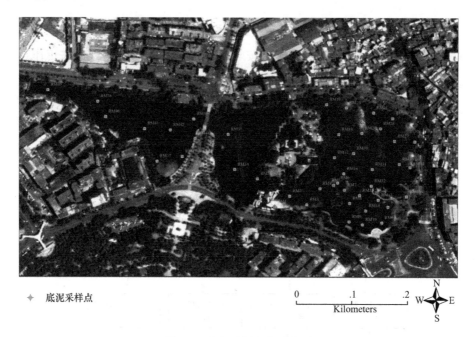

　✛　底泥采样点

图 3-4　底泥采样布点示意图

图 3-5　东西湖底泥调查取样及前处理

3.3.4　底泥评价方法

1. 单因子指数法

单因子指数法是目前国内普遍采用的分析评价方法之一，是其他环境质量指数、环境质量分级和综合评价的基础，其计算公式为：

$$P_i = C_i / S_i \tag{3-1}$$

式（3-1）中，P_i 为土壤中污染物 i 的环境质量指数；C_i 为污染物 i 的实测值（mg/

kg）；S_i 为污染物 i 的评价标准（mg/kg）。$P_i>1$ 表示污染；$P_i=1$ 或 $P_i<1$ 表示未污染；且 P_i 值越大，则污染越严重。

2. 内梅罗综合指数法

由于河湖底泥中的重金属污染是由多个污染因子复合污染导致，其单因子指数法无法全面反映各污染物对底泥的复合作用，所以又引入国内外普遍采用的内梅罗（Nemerom）综合指数法突出高浓度污染物对环境质量的影响，其计算公式为：

$$P_n = \sqrt{\frac{P_{i均}^2 + P_{i\max}^2}{2}} \tag{3-2}$$

式（3-2）中，P_i 为土壤中污染物 i 的单项污染指数；$P_{i\max}$ 为底泥各单项污染指数的最大值，$P_{i均}$ 为单项污染指数平均值。土壤污染水平分级标准见表 3-1，一般综合污染指数小于或者等于 1 表示未受到污染，大于 1 则表示已受到污染。综合污染指数（P 值）越大表示土壤污染越严重。

土壤污染水平分级标准　　　　　　　　　表 3-1

等级	$P_综 = I$	污染等级	污染水平
1	$P_综 < 0.7$	安全	清洁
2	$0.7 < P_综 \leqslant 1$	警戒级	尚清洁
3	$1 < P_综 \leqslant 2$	轻微污染	土壤轻污染，作物开始受到污染
4	$2 < P_综 \leqslant 3$	中度污染	土壤作物受到中度污染
5	$3 < P_综$	重污染	土壤作物均受污染已相当严重

3. Hakanson 潜在生态危害指数法

潜在生态危害指数（RI）评价方法是瑞典学者 Hakanson 于 1980 年根据重金属性质及环境行为特点，从沉积学角度提出来对土壤或沉积物中重金属污染进行评价的方法，该方法不仅考虑土壤重金属含量，而且将重金属的生态效应、环境效应与毒理学联系在一起，采用具有可比的、等价属性指数分级法进行评价。潜在生态危害指数涉及单项污染系数、重金属毒性响应系数以及潜在生态危害单项系数，其公式为：

$$C_f^i = C_{表层}^i / C_n^i \tag{3-3}$$

式（3-3）中，C_f^i 为单项污染系数，即单因子指数法；$C_{表层}^i$ 为土壤重金属的实测浓度；C_n^i 为计算所需的参比值，本研究中采用《土壤环境质量　农用地土壤污染风险管控标准（试行）》（GB 15618—2018）评价指标限值作为公式所需的参比值。

$$E_r^i = T_r^i \times C_f^i \tag{3-4}$$

式（3-4）中，E_r^i 为潜在生态风险单项系数；T_r^i 为单个污染物的毒性响应系数。

$$RI = \sum E_r^i \tag{3-5}$$

式（3-5）中，RI 为潜在生态风险指数。

Hakanson 根据"元素丰度原则"和"元素稀释度"，认为某一重金属的潜在毒性与其丰度成反比或者说与其稀少度成正比。某一重金属的潜在生物毒性也与"元素的释放度"（在水中含量与在沉积物中含量的比值）有关，易于释放者对生物的潜在毒性较大，Hakanson 提出的重金属毒性系数（T_r^i）为 Hg>Cd>As>Pb=Cu>Cr=Ni>Zn，对毒性响应系数做规范处理定值为 Hg=40，Cd=30，As=10，Pb=Cu=5，Cr=Ni=2，Zn=1。

根据 E_r^i 和 RI 值划分为不同的潜在生态危害水平，详见表 3-2。

E_r^i 和 RI 与污染程度的关系　　　　　　　　　表 3-2

C_f^i	污染程度	E_r^i	RI	危害程度
$C_f^i < 1$	清洁 I	$E_r^i < 40$	$RI < 150$	微生态危害 I
$1 \leqslant C_f^i < 3$	低污染 II	$40 \leqslant E_r^i < 80$	$150 \leqslant RI < 300$	中等生态危害 II
$3 \leqslant C_f^i < 6$	中污染 III	$80 \leqslant E_r^i < 160$	$300 \leqslant RI < 600$	强生态危害 III
$6 \leqslant C_f^i < 9$	较高污染 IV	$160 \leqslant E_r^i < 320$	$RI \geqslant 600$	很强生态危害 IV
$C_f^i \geqslant 9$	高污染 V	$E_r^i \geqslant 320$		极强生态危害 V

3.4　重金属质量分数特征

东西两湖共取样 44 个，其中 32 个位于东湖，12 个位于西湖，具体重金属含量统计分析见表 3-3。底泥 pH 范围为 6.34~7.84，平均值为 7.16。底泥中不同重金属元素质量分数差异显著，所检测 Cr、Ni、Cu、Zn、Cd、Pb、As、Hg 等元素质量分数分别在 16.3813 ~ 183.6393mg/kg、10.3671 ~ 59.3493mg/kg、24.6946 ~ 115.6393mg/kg、44.8634~716.6059mg/kg、0.2085~1.7267mg/kg、23.4936~185.8469mg/kg、0.3881 ~ 23.7508mg/kg、0.0046 ~ 2.2519mg/kg 范围内变化。其算术平均值分别为 124.5502mg/kg、42.3230mg/kg、87.0139mg/kg、475.3227mg/kg、1.3113mg/kg、87.6740mg/kg、13.5942mg/kg、1.1588mg/kg。

人民公园东西湖底泥重金属质量分数数据统计表　　　　表 3-3

	全距(mg/kg)	最小值(mg/kg)	最大值(mg/kg)	平均值(mg/kg)	标准差	变异系数
Cr	167.2580	16.3813	183.6393	124.5502	45.5170	0.365
Ni	48.9822	10.3671	59.3493	42.3230	11.6166	0.274
Cu	90.9447	24.6946	115.6393	87.0139	22.9186	0.263
Zn	671.7425	44.8634	716.6059	475.3227	168.5582	0.355
Cd	1.5182	0.2085	1.7267	1.3113	0.4247	0.324
Pb	162.3533	23.4936	185.8469	87.6740	32.7100	0.373
As	23.3627	0.3881	23.7508	13.5942	5.5752	0.410
Hg	2.2473	0.0046	2.2519	1.1588	0.6039	0.521
pH	1.50	6.34	7.84	7.16	0.7771	0.035

数据频率图可以发现样品中各重金属质量分数主要变化范围，排除过大或过小样品的干扰，可以体现出区域内重金属含量水平。图 3-6 为人民公园东西湖底泥重金属含量数据频率分布情况。

从各重金属元素频率分布图 3-6 来看，Cr 质量分数分布比较集中，主要分布在 135~165mg/kg，整体呈正态分布；Ni 质量分数分布图中峰值更加突出，频率峰值集中在 45~50mg/kg，占总样品数的 45.45%；Cu 质量分数主要集中在 90~100mg/kg，共有 16 个样品，占总样品数的 36.36%；Zn 质量分数分布总体呈现正态分布，分布在波动范围在 524~620mg/kg，占总样品数的 52.27%；Cd 质量分数出现了 22 个样品的集中分布区（1.50~

1.72mg/kg）。Pb 质量分数正态分布则较为明显，分布区在 85～100mg/kg；As 主要集中在 15～17.5mg/kg 范围内，占总样品数的 27.27%；而 Hg 质量分数分布较为特殊，频率峰值主要向 1.5～1.75mg/kg 靠拢。

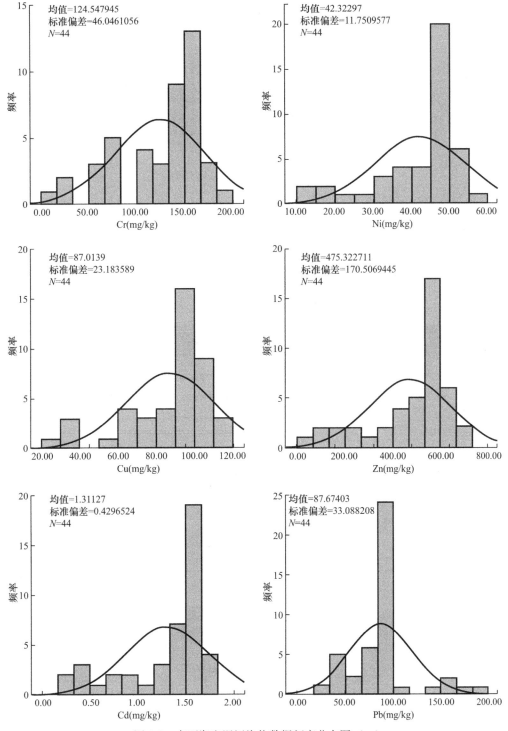

图 3-6　东西湖底泥污染物数据频率分布图（一）

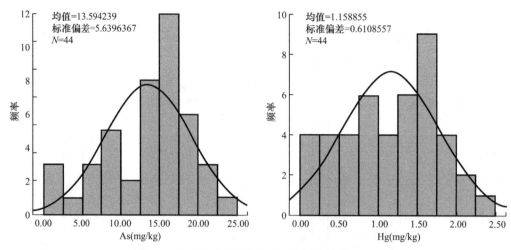

图 3-6   东西湖底泥污染物数据频率分布图 （二）

依据 Wilding 对变异系数的分类，从表 3-3 和图 3-7 可知所调查样品各重金属质量分数变异系差异显著，Ni、Cu、Zn、Cd （0.274、0.263、0.355、0.324） 为中等变异（0.15＜CV＜0.36）；Cr、Pb、As、Hg （0.365、0.373、0.410、0.521） 为高度变异（CV＞0.36），尤其是以 Hg 的变异系数最大为 0.521，说明 Hg 离散程度较大，空间分布不均，可能受到人为来源的影响；Cu 的变异系数最小为 0.263，空间分布变异较小。

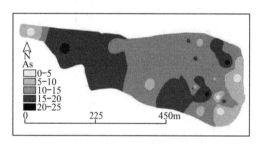
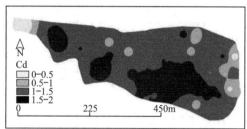
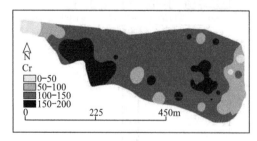
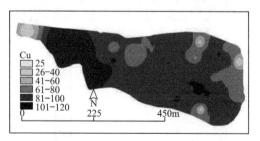
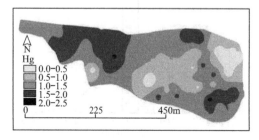
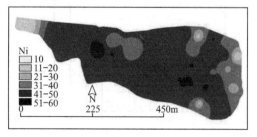

图 3-7   人民公园重金属元素质量分数空间分布图 （一）

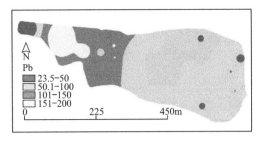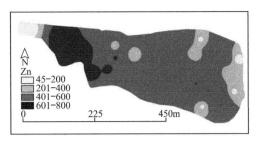

图 3-7　人民公园重金属元素质量分数空间分布图（二）

根据《土壤环境质量　农用地土壤污染风险管控标准（试行）》GB 15618—2018 对人民公园东西湖底泥进行重金属环境质量评价，详见表 3-4。Cr、Pb、As 三种重金属元素未超标，说明底泥中不存在上述三种元素污染；Ni、Cu、Zn、Cd、Hg 五种重金属元素均出现不同程度的超标，其中 Ni 元素仅有 7 个样品出现超标现象，超标率为15.91％，样品中 Ni 含量平均值是标准值的 1.05 倍，超标样品均位于进水口附近；Cu 元素超标样品数为 12 个，占东西湖样品总数的 27.27％，超标倍数为 1.06，超标最严重的样品超标幅度为 15.51％；Zn、Cd、Hg 三种重金属元素的超标数量多，分别有37、42 和 36 个样品出现超标现象，超标率分别为 84.09％、95.45％和 81.82％，超标倍数分别是 2.15、4.54 和 2.74，超标幅度分别为 186.64％、475.57％和 350.39％，说明底泥中 Zn、Cd、Hg 严重超标，其次是 Ni、Cu，不存在污染的是 Cr、Pb、As 等元素。

东西湖底泥重金属单因子评价结果统计　　　　　　　　表 3-4

	Cr	Ni	Cu	Zn	Cd	Pb	As	Hg
安全样品数（个）	44	37	32	7	2	44	44	8
比例（％）	100.00	84.09	72.73	15.91	4.55	100.00	100.00	18.18
超标样品数（个）	0	7	12	37	42	0	0	36
比例（％）	0.00	15.91	27.27	84.09	95.45	0.00	0.00	81.82

单因子危害系数计算可知，Ni、Cu、Zn、Cr、Pb、As 6 种元素均为微生态危害，Hg 和 Cd 大部分检测样品呈强生态危害，数量分别是 23 个和 26 个；部分样品是很强生态危害，对应数目分别是 3 个和 11 个，其余为轻度或中度生态危害，超标现象较严重，见图 3-8。

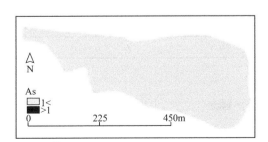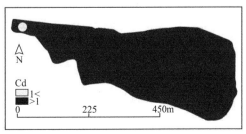

图 3-8　东西湖底泥重金属单因子污染空间分布图（一）

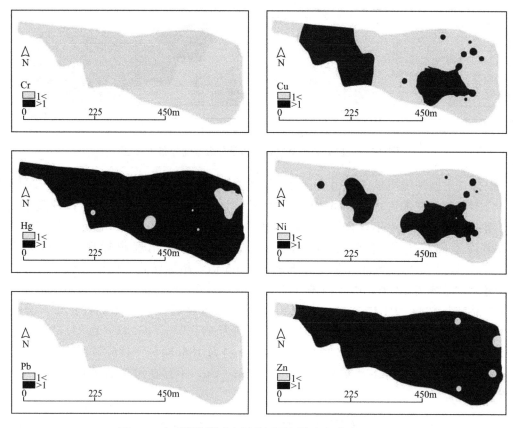

图 3-8　东西湖底泥重金属单因子污染空间分布图（二）

3.5　重金属含量相关性分析

重金属含量的相关性分析通常可以推测重金属的来源是否相同，本研究采用 pearson 相关对东西湖底泥各重金属元素进行相关分析，重点考察污染较为严重的重金属 Cd 和 Hg 与其他金属的相关性。从表 3-5 可知 Cr、Cu、Ni、Zn、As、和 Cd 相互之间在 0.01 水平条件下均具有显著相关关系；Cd 与 Hg 和 Pb 重金属元素的相关性较差；Hg 与其他金属均不成线性相关，说明底泥中 Hg 的来源特殊性，已有研究表明城市生活污水直排是导致河湖底泥中 Hg 升高的一个重要原因。

底泥样品重金属含量之间相关性分析　　　　　　　　　　　　　　　　表 3-5

		As	Hg	Cr	Ni	Cu	Zn	Cd	Pb
As	相关系数								
	显著性（双侧）								
Hg	相关系数	0.047							
	显著性（双侧）	0.764							
Cr	相关系数	0.450**	0.072						
	显著性（双侧）	0.002	0.644						

		As	Hg	Cr	Ni	Cu	Zn	Cd	Pb
Ni	相关系数	0.533**	0.012	0735**					
	显著性（双侧）	0.000	0.938	0.000					
Cu	相关系数	0.580**	0.037	0.718**	0.931**				
	显著性（双侧）	0.000	0.812	0.000	0.000				
Zn	相关系数	0.601**	0.053	0.712**	0.935**	0.971**			
	显著性（双侧）	0.000	0.732	0.000	0.000	0.000			
Cd	相关系数	0.514**	0.008	0.686**	0.954**	0.922**	0.944**		
	显著性（双侧）	0.000	0.956	0.000	0.000	0.000	0.00		
Pb	相关系数	0.535**	0.179	0.545**	0.575**	0.739**	0.749**	0.596**	
	显著性（双侧）	0.000	0.244	0.000	0.000	0.000	0.000	0.000	

备注：** 表示在 0.01 水平（双侧）呈显著相关。

3.6 重金属污染评价

3.6.1 内梅罗综合污染评价

研究中选取《土壤环境质量 农用地土壤污染风险管控标准（试行）》GB 15618—2018 作为标准值，根据式（3-1）和式（3-2）计算出底泥样品的重金属综合污染指数。从表 3-6 中可知，所调查底泥重金属内梅罗综合污染指数在 0.7376～4.2101，平均值为 3.3930，综合评价等级为 5 级，即重污染水平，共有 32 个样品处于该水平，占样品总数的 72.73%。处于 2 级（警戒级水平）、3 级（轻微污染）及 4 级（重度污染）样品个数分别为 1、3 和 8，分别占湖泊底泥总样品数的 2.27%、6.82% 和 18.18%，总体上东西湖底泥为重污染等级。

内梅罗综合指污染指数评价结果统计 表 3-6

污染等级	样品比例	样品个数
安全	0.00%	0
警戒级	2.27%	1
轻微污染	6.82%	3
中度污染	18.18%	8
重污染	72.73%	32

从表 3-7 可知底泥中各元素单因子污染指数差异显著，As、Cr、Pb 三种元素全部为清洁水平；Ni、Cu 分别有 84.09%、72.73% 的样品为清洁水平；Zn 有 84.09% 的样品属于低污染水平；Hg 元素有 45.45% 的样品为低污染水平，36.36% 的样品为中污染水平；Cd 有 79.55% 的样品为中污染水平，说明 Hg 和 Cd 为东西湖底泥的主要污染物，为中低污染水平，在进行疏浚底泥处置及利用时需关注底泥中 Cd 和 Hg 的污染。

底泥各重金属单因子污染指数统计表　　　　　　　　　　　表 3-7

单因子指数	污染程度	As	Hg	Cr	Ni	Cu	Zn	Cd	Pb
$P_i<1$	清洁 I	100.00%	18.18%	100.00%	84.09%	72.73%	15.91%	4.55%	100.00%
$1{\leqslant}P_i<3$	低污染 II	0.00%	45.45%	0.00%	15.91%	27.27%	84.09%	15.91%	0.00%
$3{\leqslant}P_i<6$	中污染 III	0.00%	36.36%	0.00%	0.00%	0.00%	0.00%	79.55%	0.00%
$6{\leqslant}P_i<9$	较高污染 IV	0.00%	0.00%	0.00%	0.00%	0.00%	0.00%	0.00%	0.00%
$P_i{\geqslant}9$	高污染 V	0.00%	0.00%	0.00%	0.00%	0.00%	0.00%	0.00%	0.00%

3.6.2　内梅罗综合污染空间分析

利用 GIS 对内梅罗综合污染指数评价结果进行克里格插值计算,并模拟出东西湖底泥重金属污染区域分级平面图,详见图 3-9。从图 3-9 中可以看出,东西湖大部分面积处于重污染程度且空间分布比较均匀;东西湖进水口和排水口处污染等级较轻,结合机械粒径结果可以看出,两处的底泥粒径较大,极粗砂含量较多,重金属含量较小。

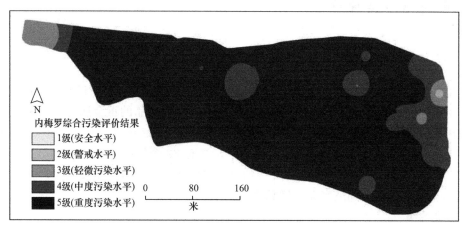

图 3-9　内梅罗综合污染评价区域分级平面图

3.6.3　单项潜在生态风险指数评价

选取《土壤环境质量　农用地土壤污染风险管控标准(试行)》(GB 15618—2018)作为评价标准值,根据式(3-4)和式(3-5)计算出每个采样点 8 种重金属的潜在生态风险指数,详见表 3-8。重金属 Cr、Ni、Cu、Zn、As、Pb 的单项重金属生态风险系数均小于 40,处于"轻微生态危害"等级,变化范围分别为:0.1638～1.8364、0.4147～2.3740、1.2347～5.7820、0.1795～2.8664、0.1553～9.5003 和 0.3916～3.0974。

Cd 生态风险系数范围在 20.8495～172.6713,其中样品处于"强生态危害"等级的共有 26 个,占总样品数的 59.09%,另外有 11 个样品具有"很强生态危害"等级,占总样品数的 25.00%。说明东西湖底泥的 Cd 污染严重,存在较强的生态危害。

Hg 生态风险系数范围在 0.3691～180.1560,其中样品处于"强生态危害"等级的共有 23 个,占总样品数的 52.27%,10 个样品属于"中等程度危害",占样品数的 22.73%,具有"很强生态危害"等级的样品数为 3 个,占总样品数的 6.82%。Hg 的污染程度集中在"中等程度危害"到"强生态危害"之间,相比 Cd 污染程度略低。

通过单项潜在生态风险指数评价法计算结果（表 3-8）得出，潜在生态风险最大的重金属元素为 Cd，25.00％样品数为"很强生态危害"等级，处于"轻微生态危害"潜在生态风险的样品数仅有 3 个，占总样品数的 6.82％，其次为 Hg 元素绝大多数样品处于"强生态危害"等级，共有 23 样品，占总样品数的 52.27％，8 个样品处于"轻微生态危害"潜在生态风险。

东西湖底泥重金属单项潜在生态风险指数结果分析（单位：％）　　　　　　表 3-8

E_r^i	危害程度	As	Hg	Cr	Ni	Cu	Zn	Cd	Pb
$E_r^i<40$	轻微生态危害	100.00	18.18	100.00	100.00	100.00	100.00	6.82	100.00
$40{\leqslant}E_r^i<80$	中等生态危害	0.00	22.73	0.00	0.00	0.00	0.00	9.09	0.00
$80{\leqslant}E_r^i<160$	强生态危害	0.00	52.27	0.00	0.00	0.00	0.00	59.09	0.00
$160{\leqslant}E_r^i<320$	很强生态危害	0.00	6.82	0.00	0.00	0.00	0.00	25.00	0.00
$E_r^i{\geqslant}320$	极强生态危害	0.00	0.00	0.00	0.00	0.00	0.00	0.00	0.00

3.6.4 重金属综合潜在生态风险程度评价

根据 Hakanson 潜在生态危害指数法计算得出东西湖底泥重金属综合潜在生态危害水平，从表 3-9 可知 75％底泥样品处于"中等生态危害"等级，15.91％底泥样品达到"强生态危害"等级，仅有 9.09％样品处于"轻微生态危害等级"。总体来说，所调查评价东西湖底泥属于具有中等偏强生态危害的土壤，从单项潜在生态风险指数评价结果看，多个采样位点的 Cd 和 Hg 具有强生态风险危害风险。

从图 3-10 可知，东西湖底泥重金属综合潜在生态风险指数空间分布较均匀，是以中等生态危害为主。

重金属综合潜在生态风险评价结果统计　　　　　　表 3-9

危害程度	位点数	比例
轻微生态危害	4	9.09％
中等生态危害	33	75.00％
强生态危害	7	15.91％
很强生态危害	0	0.00％

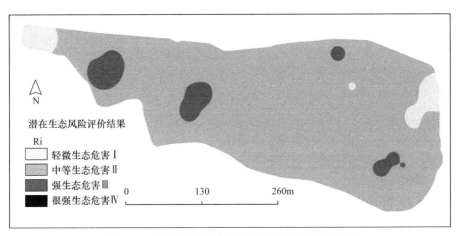

图 3-10　潜在生态综合污染评价区域分级平面图

3.7　养分含量分析与评价

参照第二次全国土壤普查中有机质分级标准，如表 3-10、表 3-11 所示东西湖底泥中有机质含量处于"丰"级的样品占 77.78％，处于"较丰"级和"中"级的各占 11.11％，说明东西湖底泥有机质含量处于较高水平，单从肥力角度来说可用于改良土壤肥力。

东西湖底泥有机质含量数据统计结果　　　　　　表 3-10

样品个数	最小值(g/kg)	最大值(g/kg)	平均值(g/kg)	标准差	变异系数
9	26.87	145.47	100.86	40.8081	0.4046

东西湖底泥肥力指标与阳离子交换量　　　　　　表 3-11

样品编号	全氮(g/kg)	全磷(g/kg)	速效钾(mg/kg)	阳离子交换量(cmol/kg)
RM3	5.86	3.34	744.6	13.54
RM11	4.50	2.86	635	11.78
RM18	3.21	2.37	601.2	10.72
RM22	3.47	2.57	564.5	10.62
RM23	0.89	0.65	241.8	4.20
RM24	4.21	3.64	727.3	12.31
RM30	4.49	3.53	561	11.63
RM39	0.76	0.48	207.5	3.04
RM42	4.56	3.24	709.4	13.38

按照国际制分类，土壤中粒径在 2～0.02mm 的部分为砂粒，粒径在 0.02～0.002mm 称为粉粒，粒径小于 0.002mm 的称为黏粒。表 3-12 可知，除 RM23 和 RM39 两个样品以外，东西湖底泥机械粒径 45％以上为粉砂，该类底泥为粉砂质壤土。对应采样点位图发现，RM23 和 RM39 分别为东湖进水口和西湖排水口处，受水力冲击较大，细粉砂受水力扰动冲走，因此底泥中极粗砂成分较多。

东西湖底泥机械组（单位:％）　　　　　　表 3-12

样品编号	2～0.5mm	0.5～0.25mm	0.25～0.1mm	0.10～0.05mm	0.05～0.002mm
RM3	2.32	3.89	3.17	7.29	74.70
RM11	0.20	1.58	1.22	8.23	79.87
RM18	7.61	6.14	3.09	3.89	69.97
RM22	2.68	3.40	4.01	9.92	71.42
RM23	31.38	14.84	3.90	4.18	37.52
RM24	4.55	4.96	2.12	8.21	71.82
RM30	0.42	3.63	7.09	7.71	70.56
RM39	22.36	17.16	6.34	8.16	36.97
RM42	0.34	2.46	1.58	14.91	74.50

3.8　调查评价结果与讨论

整个湖泊底泥 pH 范围为 6.34～7.84，平均值为 7.16，整体属中性。按照《土壤环境质量农用地土壤污染风险管控标准（试行）》GB 15618—2018，Zn、Cd、Hg 三种重金属元素的超标数量多，分别有 37、42 和 36 个样品出现超标，超标率分别为 84.09%、95.45% 和 81.82%，超标倍数分别是 2.15、4.54 和 2.74，超标幅度分别为 186.64%、475.57% 和 350.39%。重金属单因素污染评价，Hg 和 Cd 大部分样品呈强污染，数量分别是 23 和 26 个。整个湖泊重金属含量变异系数差异显著，说明底泥的污染点空间分布不均匀，其中 Cr、Pb、As、Hg（0.365、0.373、0.410、0.521）为高度变异（CV>0.36），Hg 的变异系数最大为 0.521，说明 Hg 离散程度较大，空间分布不均，可能受到人为来源的影响。8 种金属进行 Pearson 相关性分析发现，重污染金属间的相关性较差，说明不存在伴随污染。

底泥重金属内梅罗综合污染指数在 0.7376~4.2101，平均值为 3.3930，综合评价等级为 5 级，即重污染水平，说明人民公园底泥受到严重污染。

Hakanson 单项潜在生态风险指数评价，重金属 Cr、Ni、Cu、Zn、As、Pb 的单项重金属生态风险系数均小于 40，处于"轻微生态危害"等级，变化范围分别为：0.1638~1.8364、0.4147~2.3740、1.2347~5.7820、0.1795~2.8664、0.1553~9.5003 和 0.3916~3.0974。Cd 的生态风险系数在 20.8495~172.6713，处于"强生态危害"等级的样品占总样品数的 59.09%。Hg 的生态风险系数在 0.3691~180.1560，处于"强生态危害"等级的样品占总样品数的 52.27%。Hakanson 重金属综合潜在生态风险程度评价，75% 底泥样品处于"中等生态危害"等级，15.91% 底泥样品达到"强生态危害"等级。整个湖泊处于中强度生态危害。从湖泊重金属内梅罗综合污染指数和 Hakanson 重金属综合潜在生态风险程度评价结果来看，人民公园东西湖底泥开展土地利用时还需要进行底泥的修复工作。

按照第二次全国土壤普查中的有机质分级标准，对东西湖底泥有机质含量进行分级评价，其中 77.78% 的样品处于"丰"级，处于"较丰"级和"中"级的各占 11.11%。可见，东西湖底泥有机质含量处于较高水平，可用于改良土壤肥力。从粒径分布数据可知人民公园东西湖底泥机械组成为粉砂质壤土。

第4章 底泥粒径分形维数特征与其理化性状关系

4.1 底泥粒径研究进展

分形理论是用来描述具有自相似性的自然碎片或不规则结构的一种探索复杂性结构的新方法。土壤是一种由不同颗粒组成、具有不规则形状及自相似结构的多孔介质，具有一定的分形特征，将分形理论应用到土壤或底泥组分形态研究中，可实现分析定量化。近年来有学者运用多种分形模型计算土壤团粒、孔隙以及表面形貌的分形维数，研究分形维数与土壤结构、肥力等土壤属性关系，并取得了较好的效果。其中，以土壤颗粒的质量分布模型和体积分布模型的应用最为广泛。

分形维数是表征土壤特征的重要方法，也是研究土壤质量状况的重要指标。林地土壤分形维数与林地类型、土壤理化性质显著相关，可用于评价林地土壤肥力；耕地、退耕地土壤分形维数可作为衡量土壤养分状况变化指标。与土壤科学中分形理论应用研究相比，分形维数应用于河湖沉积物的研究还较少，尤其是研究分形维数与沉积物中的重金属质量分数关系的内容更是甚少。红树林湿地沉积物分形维数研究表明，其分形特征主要受沉积物类型、黏土组分、滩位等因素影响；退耕还湖湿地的土壤分形维数可作为评价湿地土壤演变的重要指标。近年河湖沉积物（底泥）无害化、资源化利用备受社会关注，尤其是将河湖底泥作为客土用于土壤改良已成为底泥资源化利用的重要途径之一。

本研究以南渡江海口段下游塘柳塘水域底泥为研究对象，将分形理论用于河流底泥粒径分形维数特征研究，阐明底泥质地类型、底泥分形维数的空间变化特征；揭示底泥分形维数与粒度组成、有机质含量、重金属含量及 pH 之间的关系，并比较河塘底泥与周边农田土壤的理化性状及分形维数特征的异同，为南渡江下游土地整治工程（国土资源部重大项目）疏浚河流底泥土壤资源化利用提供科学依据和技术支撑。

4.2 河塘概况及研究方法

4.2.1 塘柳塘概况

塘柳塘（$110°20'\sim110°21'$E，$19°45'\sim19°47'$N）平均海拔 $8\sim11$m，是南渡江下游众多河塘中的一个典型河塘。河塘长约 3.9km，水面宽 $50\sim150$m，水面深约 $3\sim5$m，集农业灌溉与渔业养殖于一体。按河塘形状及沿岸土地利用类型可分为上、中、下段，上段河道较狭窄，流速快；中段河道较宽沿岸两边分布着居民点；下段水面开阔，水流缓慢，沿岸陆地为蔬菜种植农田。蓄水主要来自汛期南渡江补给和周边陆地降雨径流汇集，底泥主要来源于周边农田表土冲刷沉积，近 50 年没有进行清淤疏浚工作。周边土壤为玄武火山岩发育的砖红壤，土壤质地为壤土和黏壤土；土地以耕地为主，种植水稻和蔬菜等作物，因受农业种植和养殖面源污染影响，其水质大多属于Ⅳ类，所研究河塘地理位置见图 4-1。

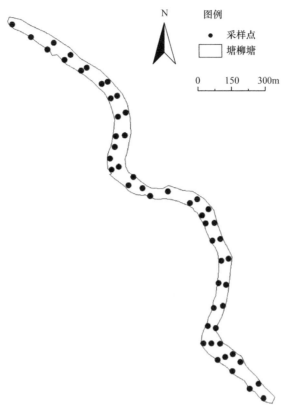

图 4-1 采样点分布图

4.2.2 样品采集

采取典型断面布点，确保所采集样品能够全面反映该河塘底泥的整体状况。上段布设 11 个采样断面，断面间距约 100～150m，根据河塘断面宽度在河塘左岸、右岸及中部布设 2～3 个采样点，共采取 16 个底泥样品；河塘中段、下段分别布设 10 个和 4 个采样断面，分别采取 22 个和 14 个底泥样品；整个河塘共计采集 52 个底泥样品（图 4-1）。底泥样品采集深度为 0～30cm，由抓斗式采泥器采集，为混合样。同时，在河塘的上、中、下段离岸 15～20m 远处的蔬菜地土壤，分别采集 0～20cm 深度土样 2 个，共计 6 个蔬菜地土壤表层样品。

4.2.3 测定指标与方法

将所取底泥样品装自封塑料袋、编号带回实验室，排干底泥样品中多余积水，在预处理实验室风干。底泥样品研磨过 2mm 筛，并且使其混合均匀。采用筛分法与比重计法测定土壤的颗粒组成，其结果以美国制土壤粒径分级标准表示：>2mm、2～0.5mm、0.5～0.25mm、0.25～0.10mm、0.10～0.05mm、0.05～0.002mm、<0.002mm；并且按美国土壤质地分类制分为砂粒（2～0.05mm），粉粒（0.05～0.002mm）和黏粒（<0.002mm）。底泥

中重金属和养分指标的测试方法见本书第二章相关内容。

4.2.4　数学模型选择

杨培岭等通过粒径分布与对应质量分布的关系推导出的质量分形维数公式，该方法通过土壤颗粒机械组成分析计算出其相应的分形维数。其推导出的计算公式为：

$$\frac{M(r < R_i)}{M_T} = \left(\frac{R_i}{R_{\max}}\right)^{3-D} \tag{4-1}$$

对上式两边取对数即得：
$$\log_{10}\left[\frac{M(r < R_i)}{M_T}\right] = (3 - D)\log\left(\frac{R_i}{R_{\max}}\right) \tag{4-2}$$

式（4-2）中，r 为土壤颗粒粒径，mm；$M(r < R_i)$ 指的是粒径小于 R_i 的颗粒累积质量（这里的质量均为质量百分数）；M_T 指的是土壤颗粒的总质量；$R_{\max}$ 指的是对所有粒级而言的上限值，数值上等于最大粒径，mm；D 是土壤颗粒质量分形维数；$M(r < R_i)/M_T$ 是粒径小于 R_i 的土壤颗粒的累积质量百分数；R_i 为两筛分粒级（R_i 与 R_{i+1}）的算术平均值。

4.2.5　数据处理

采用 Microsoft Excel 2007 软件进行数据分类与统计；应用 SPSS 20.0 对分形维数与土壤理化性质进行相关分析、方差分析及回归分析。

4.3　底泥和沿岸农田土壤质地分类及分形特征

4.3.1　地质分类

依据美国的土壤质地分类，塘柳塘底泥和沿岸农田土壤样品的质地类型大多属于砂质壤土、壤土、黏壤土、粉质黏壤土区间（图 4-2）。其中，塘柳塘底泥属于砂质壤土、壤土、黏壤土、粉质黏壤土的样品比例分别为 18.1%、18.1%、25%、13.5%；沿岸农田土壤对照点属于砂质壤土、壤土、黏壤土的样品比例分别为 16.7%、50%、33.3%（表 4-1）。塘柳塘底泥和沿岸农田的土壤质地以黏壤土、壤土为主。从土壤质地来看，河塘底泥与沿岸农田土壤比较接近，因此，河塘底泥可作为构建农田土壤的物质，用于改良当地耕作土壤。

4.3.2　质地空间分布

河塘底泥的黏粒、粉砂平均含量较岸边农田土壤对照点要高 4.83%、9.15%，而细砂平均含量较岸边农田对照点要低 9.82%（表 4-1）。与岸边农田土壤相比，河塘底泥的粒径组分呈现明显"细化"特征，这可能因农田地表细土冲刷在河塘沉积所致。从河塘河段位置来看，砾石（>2mm）、粗砂、极粗砂（2～0.5mm）、中砂（0.5～0.25mm）的质量分数从上段到下段呈现下降趋势；极细砂（0.10～0.05mm）、粉砂（0.05～0.002mm）、黏粒（<0.002mm）的质量分数从上段到下段呈现上升趋势，主要与河塘下段水流缓慢，冲刷能力减弱，细颗粒物质的沉积有关。

底泥和农田土壤颗粒大小分布统计（单位：％）　　　表 4-1

位置	砾石	粗/极粗砂	中砂	细砂	极细砂	粉砂	黏粒
	>2mm	2～0.5mm	0.5～0.25mm	0.25～0.10mm	0.10～0.05mm	0.05～0.002mm	<0.002mm
整段	1.10	4.19	2.46	5.22	42.44	31.33	14.80
上段	3.70	13.62	6.37	6.28	30.85	27.36	11.95
中段	0.12	0.80	1.44	4.02	42.43	32.96	13.55
下段	0.04	0.23	0.42	5.43	51.57	34.27	18.22
农田	1.52	2.46	4.13	15.04	44.14	21.82	9.97

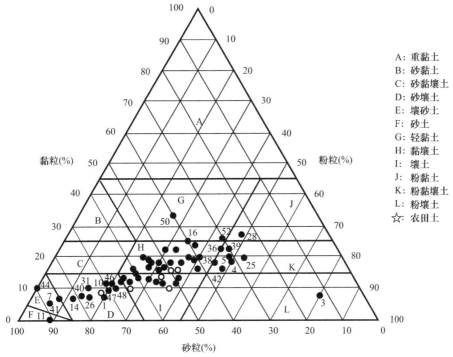

A: 重黏土
B: 砂黏土
C: 砂黏壤土
D: 砂壤土
E: 壤砂土
F: 砂土
G: 轻黏土
H: 黏壤土
I: 壤土
J: 粉黏土
K: 粉黏壤土
L: 粉壤土
☆: 农田土

注：落在H区的样点有：6、8、12、15、19、20、21、22、23、24、27、29、33、34、35、37、46；
落在I区的样点有：9、13、17、18、30、32、45、48、49、51。

图 4-2　研究区域底泥及农田土壤样品的质地分类

4.3.3　分形维数特征

根据质量分形维数公式，计算出 58 个塘柳塘底泥和沿岸农田土壤样品的分形维数 D 值（表 4-2）。52 个底泥样品分形维数集中在 2.529～2.817，上、中、下段底泥样品质量分形维数均值分别为 2.599、2.653、2.713；上、中、下段底泥分形维数 D 值的变异系数分别为 0.035、0.032、0.017。表明，上、中、下段河塘底泥分形维数 D 值有由低变高的变化趋势；越往下段河道底泥分形维数 D 值变化更小。与河塘底泥相比，农田的分形维数 D 值要低一些。随着河塘底泥粒径由上段到下段呈现细化和均一化的趋势，其分形维数的变异系数从上段到下段呈现减小趋势（表 4-1、表 4-2）。这可能因河塘下段分选性较好，致使 D 值变异系数较小。

不同河段底泥样品分形维数统计　　表 4-2

位置	最大值	最小值	平均值	标准差	变异系数
上段	2.731	2.427	2.599	0.082	0.035
中段	2.817	2.538	2.653	0.086	0.032
下段	2.795	2.627	2.713	0.046	0.017
整体	2.817	2.529	2.662	0.085	0.032
农田	2.652	2.498	2.591	0.070	0.027

4.4 分形维数与底泥性状关系

4.4.1 养分质量分数特征

表 4-3 和图 4-3 可知，该河塘底泥 52 个样本的全氮质量分数为 0.0430～5.0770g/kg，算数平均值（以下简称均值）为 2.7275g/kg；全磷质量分数范围为 0.0300～2.7970g/kg，均值为 0.9113g/kg；全钾质量分数范围为 15.1000～26.8000g/kg，均值为 22.2200g/kg；有机质质量分数为 8.3600～58.9800g/kg，均值为 33.6340g/kg；阳离子交换量质量分数为 1.4200～14.2600cmol/kg，均值为 8.3336cmol/kg。

河流底泥养分统计数量表　$n=52$　　表 4-3

养分指标	极小值	极大值	均值	标准差	变异系数
全氮(g/kg)	0.0430	5.0770	2.7275	1.3993	0.5130
全磷(g/kg)	0.0300	2.7970	0.9113	0.5428	0.5957
全钾(g/kg)	15.1000	26.8000	22.2200	1.8505	0.6085
有机质(g/kg)	8.3600	58.9800	33.6340	13.5810	0.4038
阳离子交换量(cmol/kg)	1.4200	14.2600	8.3336	2.9646	0.3557

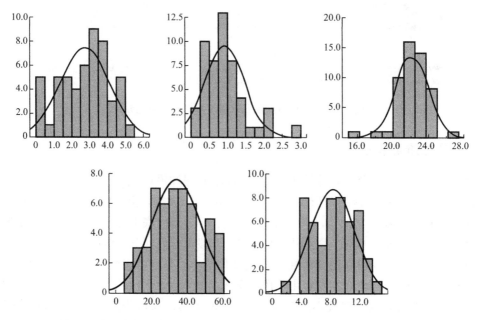

图 4-3　底泥全氮、全磷、全钾、有机质和阳离子交换量质量分数直方图

根据第二次全国土壤普查土壤养分分级标准，该河塘底泥全氮质量分数均值为 2.7275g/kg，大于 2g/kg，达到Ⅰ级丰水平；全磷质量分数均值为 0.9113g/kg，为Ⅱ级较丰，全钾质量分数均值为 22.2200g/kg，为Ⅱ级较丰水平；有机质质量分数均值为 33.6340g/kg，达到Ⅱ级较丰水平；阳离子交换量均值为 8.3336cmol/kg，为Ⅳ级水平，说明河塘底泥的养分状况较好。

由图 4-3 可知，底泥样品中，全氮质量分数达到Ⅰ级的样品占总数的 69%；全磷质量分数为Ⅱ级较丰水平的样品占总数的 58%；全钾质量分数达到Ⅱ级较丰水平的样品占总数的 92%；有机质质量分数达到Ⅱ级水平的样品占总数的 58%；阳离子交换量达到Ⅳ级水平的样品个数占样品总数的 46%。由上可知，该河流底泥肥力较好，可用于改良当地耕作层土壤。

4.4.2 分形维数与底泥质地关系

塘柳塘不同质地类型底泥样品的分形维数不同，其均值由小到大依次为砂质壤土（2.594）、壤土（2.638）、黏壤土（2.715）和粉质黏壤土（2.742），分形维数高低和变异系数大小与底泥样品颗粒粗细有关；其中壤土类土壤样品 D 值的标准差及其变化幅度最小（表 4-4）。表明，样品的质地是影响粒径分形维数的重要因素。

不同质地类型底泥的分形维数   表 4-4

统计指标	底泥样品质地类型			
	砂质壤土类	壤土类	黏壤土类	粉质黏壤土类
最大值	2.817	2.657	2.772	2.781
最小值	2.491	2.625	2.538	2.698
平均值	2.594	2.638	2.715	2.742
标准差	0.087	0.012	0.058	0.029
变异系数	0.033	0.005	0.021	0.011

为了进一步分析分形维数与底泥质地之间的关系，将底泥样品分形维数与其砂粒、粉粒、黏粒的质量百分比进行回归分析（图 4-4～图 4-6）。结果表明：底泥分形维数与不同粒径质量分数关系差异显著，底泥分形维数 D 值与黏粒和粉粒在 $P<0.01$ 水平呈显著正相关线性回归关系，相关系数分别为 0.688、0.497；与砂粒在 $P<0.01$ 水平呈负相关线性回归关系，相关系数为 -0.674。底泥分形维数上表现出黏粒含量越高，分形维数越高；底泥砂粒含量越高，其分形维数越低的特征。可见，底泥分形维数特征及其变化规律与底泥质地特征具有高度相关性，其分形维数随质地的变化而变化。这与学者研究土壤分形维数的结果相似，表明分形维数也可用作衡量底泥质地的一种定量化指标。

4.4.3 分形维数与 pH 关系

底泥分形维数 D 与 pH 关系不显著（图 4-7）。底泥 pH 主要集中在 5.0～6.0，而沿岸对照点农田土 pH 在 5.4～6.2，对照点 pH 略高于底泥。底泥分形维数与 pH 回归的相关系数较低，相关性不显著，这与刘洋等的研究结果相同，源于 pH 与底泥物理结构没有必然关系所致。

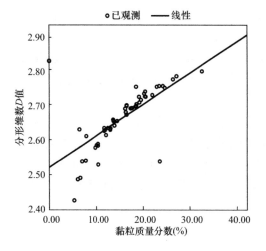
图 4-4　D 值与底泥黏粒质量百分比的关系

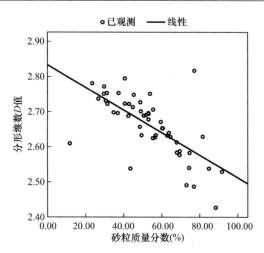
图 4-5　D 值与底泥砂粒质量百分比的关系

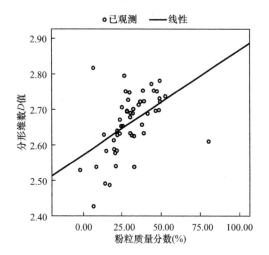
图 4-6　D 值与底泥粉粒质量百分比的关系

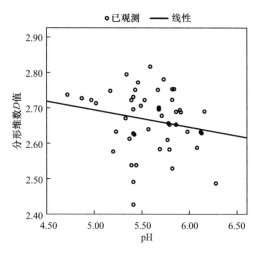
图 4-7　D 值与底泥 pH 的关系

4.4.4　分形维数与有机质含量的关系

从表 4-5 可知，其上段、中段、下段及整段有机质含量均值分别为 21.69g/kg、31.65g/kg、30.88g/kg、28.08g/kg，对应的变异系数分别为 0.401、0.324、0.379、0.403。不同河段底泥有机质含量及其变异系数呈现显著的空间异质性，且该结果与谢辉等研究结论不一致，主要缘于塘柳塘与一般河道形态不同，该河塘较封闭，中下段比降较小，流速缓慢。

底泥有机质含量分析结果　　　　　　　　　　　　　　　表 4-5

位置	样品个数	最大值(g/kg)	最小值(g/kg)	平均值(g/kg)	标准差	变异系数
上段	16	35.86	14.27	21.69	8.22	0.379
中段	22	47.99	6.43	31.65	10.24	0.324
下段	14	53.03	8.68	30.88	12.37	0.401
整段	52	53.03	6.43	28.07	11.31	0.403

底泥有机质含量与底泥黏粒质量分数、有机质含量与底泥分形维数在 $P<0.01$ 水平上都呈显著呈线性正相关,其相关系数分别为 0.525、0.618(图 4-8、图 4-9)。河塘底泥各粒级颗粒对养分元素的吸持能力不同,黏粒物质对土壤有机质的吸附和固定作用更强,是底泥有机质含量高的重要原因。

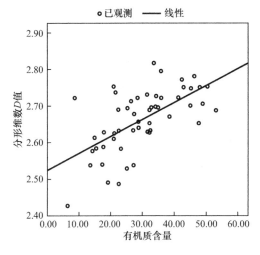

图 4-8 有机质含量与底泥黏粒质量百分比关系

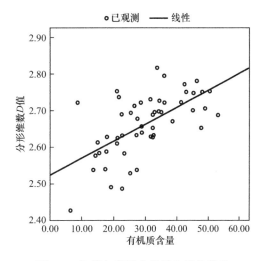

图 4-9 D 值与底泥有机质含量的关系

4.5 重金属含量与分形维数相关性分析

4.5.1 重金属含量及污染评价

参照《食用农产品产地环境质量评价标准》HJ/T 332—2006,从蔬菜种植对土壤环境的要求考虑,由表 4-6 可知,河塘底泥中 Cr、Ni、Cu、Zn、Pb 和 As 含量均不超标;Cd 含超标率为 65.4%、超标幅度为 14%;Hg 超标率为 59.6%、超标幅度为 11%。综上可知,Cd 与 Hg 为该河塘的主要污染物。

底泥重金属元素质量分数数据特征（$n=52$）   表 4-6

指标	极小值/(mg/kg)	极大值/(mg/kg)	均值/(mg/kg)	标准差	变异系数
Cr	9.7920	77.0670	45.0400	15.2118	0.2533
Ni	5.6140	30.6490	19.1330	6.0395	0.4667
Cu	7.5210	31.4470	20.6170	5.2219	0.3157
Zn	22.0640	239.3320	86.1280	40.1906	0.2432
Cd	0.1280	0.5560	0.3420	0.1081	0.3393
Pb	17.3040	55.1060	37.5460	9.1301	0.5047
As	0.8910	5.0440	2.9400	0.9978	0.3393
Hg	0.0670	0.4570	0.2770	0.1397	0.5047

由表 4-7 可知,该河塘底泥重金属地累积指数表明:Cr、Cu 和 As 等单项元素属于清洁程度;Ni、Zn 和 Pb 等元素属轻度污染;Hg 属偏中度污染;Cd 属中度污染水平。河塘

不同分段底泥各单项重金属呈现不同等级的污染水平,上游 Cr、Ni、Cu、Zn 和 Pb 达到轻度污染;Hg 污染级数达到偏中度污染;Cd 达到中度污染水平;As 达到清洁程度。中游 Cr、Cu、Zn 和 As 属清洁程度;Ni 和 Pb 属轻度污染;Hg 属偏中度污染;Cd 属于中度污染。下游 Cr、Ni、Zn、Pb 和 As 属清洁程度;Cu 属轻度污染;Hg 属偏中度污染;Cd 属中度污染。底泥单项重金属地累积指数污染状况表明,Cd 和 Hg 为该河塘底泥主要污染元素,分别属中度污染水平和偏中度污染水平。

底泥重金属地累积污染指数　　　　　　　　表 4-7

位置	项目	Cr	Ni	Cu	Zn	Cd	Pb	As	Hg
上游	地累积指数	0.0302	0.5500	0.9807	0.3229	2.4753	0.1219	−0.9476	1.1101
	污染级数	1	1	1	1	3	1	0	2
中游	地累积指数	−0.0514	0.5087	0.9959	0.3956	2.6721	0.2400	−0.9309	1.4421
	污染级数	0	1	0	1	3	1	0	2
下游	地累积指数	0.7297	0.1077	0.5107	0.1001	2.0066	0.1176	1.6192	1.6712
	污染级数	0	0	1	0	3	0	0	2
整段	地累积指数	0.2089	0.3554	0.8606	0.2398	2.4324	0.1074	−1.1213	1.4016
	污染级数	0	1	0	0	3	1	0	2

4.5.2　重金属含量与有机质、分形维数相关性分析

底泥重金属含量受底泥粒径分布和有机质含量影响显著。从表 4-8 看出底泥中 Cr、Ni、Cu、Zn、Cd、Pb、As、Hg 含量分别与有机质含量在 $P<0.01$ 水平呈显著正相关关系,说明底泥中上述重金属与底泥的有机质含量具有密切关系;底泥中 Cr、Ni、Cu、Cd、Pb、As 含量分别与极细砂分形维数、细砂分形维数在 $P<0.01$ 水平呈显著正相关关系,说明上述重金属含量受底泥极细砂和细砂含量的影响较大;底泥中 Cr、Ni、Cu、Cd、Pb、As 含量分别与黏粒分形维数在 $P<0.01$ 水平呈显著负相关关系;底泥中重金属含量与粉粒分形维数呈负相关关系,与中砂分形维数不存在相关性。综合比较可知 Zn、Hg 与底泥分形维数相关系数小,受底泥粒径影响较小。

底泥分形维数与重金属、有机质含量相关性　　　　　　表 4-8

	有机质	黏粒分形维数	粉粒分形维数	极细砂分形维数	细砂分形维数	中砂分形维数
Cr	0.627**	−0.448**	−0.278*	0.526**	0.396**	−0.07
Ni	0.756**	−0.551**	−0.408**	0.567**	0.433**	0.022
Cu	0.823**	−0.563**	−0.365**	0.490**	0.469**	0.022
Zn	0.529**	−0.194	−0.182	0.21	0.351*	−0.091
Cd	0.886**	−0.580**	−0.302*	0.419**	0.426**	0.091
Pb	0.782**	−0.576**	−0.307*	0.380**	0.478**	0.079
As	0.783**	−0.455**	−0.257	0.546**	0.295*	−0.163
Hg	0.348*	−0.365**	−0.061	−0.058	0.248	0.124

备注:** 表示在 0.01 水平(双侧)上显著相关;* 表示在 0.05 水平(双侧)上显著相关。

4.5.3　基本理化性质的主成分分析

对所测定的影响指标进行主成分分析,结果表明(表 4-9),特征值≥1 的主成分因子

有 2 个，其主成分累积贡献率 75%，底泥有机质、黏粒分形维数贡献率分别为 66.299%、24.173%，合计累积贡献率为 90.472%，说明有机质和黏粒的分形维数这两个因子作为特征指标可代表底泥基本理化性质。

主成分分析表 表 4-9

主成分	特征值	贡献率（%）	累积贡献率（%）	主成分 1	主成分 2
有机质	3.978	66.299	66.299	0.937	−0.054
黏粒	1.450	24.173	90.472	−0.882	−0.425
粉粒	0.381	6.342	96.814	−0.965	0.127
极细砂	0.138	2.305	99.120	0.879	−0.434
细砂	0.044	0.732	99.852	0.849	0.261
中砂	0.009	0.148	100.00	−0.014	0.996

4.5.4 重金属含量与有机质一元回归分析

底泥重金属与有机质质量分数存在较好的呈正相关关系，回归模型为一元线性关系；从图 4-10 回归系数看出重金属种类与有机质的数量化关系差异不同，对应的回归模型相关系数差异显著，分别为 Cr（0.382）、Ni（0.563）、Cu（0.670）、Zn（0.265）、Cd（0.781）、Pb（0.604）、As（0.606）、Hg（0.104），总体表现为底泥重 Zn、Hg 的质量分数与有机质质量分数相关性较差，其他重金属元素与有机质质量分数存在较好的一元线性关系。

4.5.5 重金属含量与黏粒分形维数、有机质二元回归分析

由底泥主成分分析结果可知，有机质和黏粒可代表底泥的基本理化性质，直接影响底泥重金属含量。为进一步解析底泥重金属与有机质和黏粒分形维数之间的数量化关系，通过统计分析建立二元回归模型，具体见表 4-10。通过对比各个回归模型的相关系数可知，除去 Zn、Hg 外，其他重金属元素的二元回归模型的 R^2 均在 0.5 以上，说明采用底泥黏粒分形维数、有机质含量回归的二元模型能更准确的解析与底泥重金属之间的数量化关系。

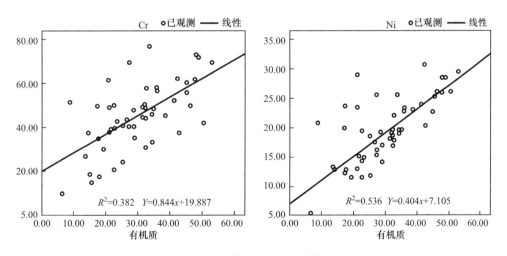

图 4-10 有机质与重金属回归模型（一）

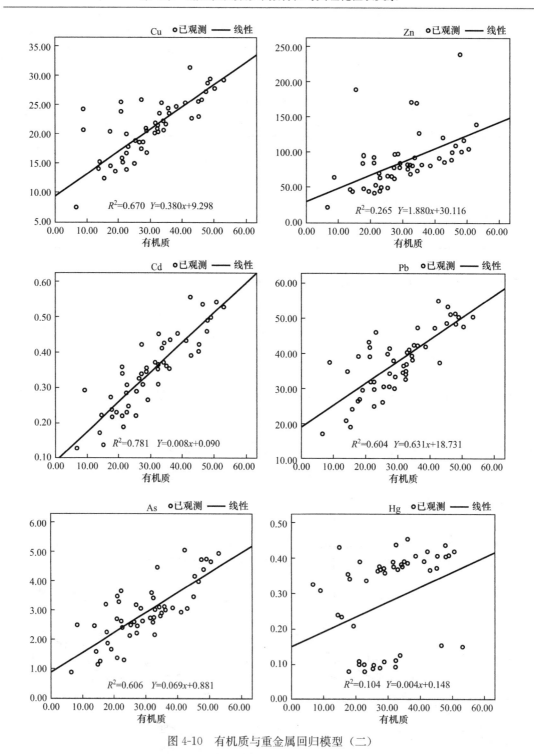

图 4-10　有机质与重金属回归模型（二）

重金属与有机质、黏粒分形维数二元回归分析　　　　　　　　　　表 4-10

因变量	R^2	回归方程
Cr	0.531	$Y = 0.722x_1 + 25.091x_2 - 38.003$
Ni	0.726	$Y = 0.353x_1 + 10.287x_2 - 16.628$

因变量	R^2	回归方程
Cu	0.756	$Y = 0.347x_1 + 6.823x_2 - 6.443$
Zn	0.259	$Y = 1.803x_1 + 15.649x_2 - 5.989$
Cd	0.829	$Y = 0.347x_1 + 6.823x_2 - 6.443$
Pb	0.641	$Y = 0.593x_1 + 7.976x_2 + 0.329$
As	0.748	$Y = 0.061x_1 + 1.584x_2 - 2.774$
Hg	0.106	$Y = 0.005x_1 - 0.082x_2 + 0.337$

4.6 研究结果与讨论

4.6.1 分形维数是底泥性状定量化衡量的重要指标

河湖底泥与土壤一样都具有多标度分形特征，适合运用分形理论研究其理化性状。不管是土壤颗粒体积分形维数，还是土壤颗粒质量分形维数，都随质地的粗细发生明显变化；黏粒含量越高，分形维数越大；砂粒含量越高，分形维数越低。结果表明，河塘底泥分形维数 D 值与土壤在分形特征及其影响因素方面具有类似性质与成因，其分形维数 D 值与黏粒和粉粒之间呈极显著正相关关系，而与砂粒含量呈极显著负相关关系。这与相关学者研究土壤分形的结果相似，表明分形维数也可用作衡量底泥质地的一种定量化指标。

本研究结果表明，底泥粒径分形维数与有机质含量呈显著正相关关系，与吕圣桥等在黄河三角洲滩地土壤颗粒分形特征与土壤有机质关系的研究结论一致。因此，底泥分形维数不仅是其理化性状的反映，也是底泥肥力评价的重要指标。

4.6.2 周边农田土壤对河塘底泥性状影响

江河下游地势低平、河塘密布。沿岸农田的耕垦致使表土松散，雨水冲刷引起表层细颗粒流失，成为河湖底泥的主要来源。与农田土壤相比，塘柳塘底泥除呈现"细化"特征外，在粒径质量分布特征、分形维数和变化规律等方面高度相似，表明周边农田表蚀的土壤是塘柳塘底泥的主要来源之一。塘柳塘不仅底泥质地与沿岸农田土壤质地非常接近，其有机质含量也较高，这为底泥用于改良当地农田土壤提供了可能。

4.6.3 底泥质地性质分析

参照美国制土壤质地分类三角表，南渡江下游塘柳塘底泥与周边农田土壤的质地类型多为壤土；各粒径组分非常相似，均以极细砂、粉砂为主；塘柳塘底泥和沿岸农田土壤的质地构成具有高度一致性。52 个底泥样品和 6 个农田土壤样品的颗粒质量分形维数在2.427～2.817，底泥粒径分形维数值高于对照点农田土分形维数；底泥和农田土壤的分形维数与黏粒和粉粒呈显著正相关关系，而与砂粒呈显著负相关关系；分形维数与有机质含量呈显著正相关关系。分形维数是表征河塘底泥理化性状与评价底泥质量的重要指标。底泥粒径分形维数特征表明，塘柳塘底泥与周边农田土壤性状具有极高相似性，质地以壤土为主；底泥全氮含量达到Ⅰ级丰水平；全磷含量为Ⅱ级较丰水平；全钾含量为Ⅱ级较丰水平；有机质含量达到Ⅱ级较丰水平；阳离子交换量为Ⅳ级水平，底泥这些粒径及分形维数特征对于后期构建合理的耕作层土壤剖面具有重要的指导意义。

底泥中主要重金属污染物为 Cd 和 Hg，Cd 超标率为 65.4％、超标幅度为 14％；Hg 超标率为 59.6％、超标幅度为 11％。地累积指数分析表明，底泥中 Hg 和 Cd 分别属偏中度污染和中度污染水平，整段河流底泥属中度污染，在开展底泥土地利用时必须关注污染的潜在生态风险。底泥重金属质量分数受底泥粒径和有机质的影响显著，与底泥有机质，黏粒，粉粒，极细砂分形维数具有显著的相关性，但是 Zn、Hg 受底泥粒径的影响较小。主成分分析表明，底泥有机质与黏粒分形维数可作为特征指标表征底泥基本理化性质。底泥中有机质和黏粒分形维数可作为关键指标表征底泥的基本理化性质。底泥重金属（除 Zn、Hg 外）与有机质含量存在一元线性数量化关系，与有机质和黏粒分形维数直接存在二元回归模型的数量化关系。上述模型间的数量化关系对于研究底泥的理化性质有重要意义。

第5章　底泥质耕作层土壤构建可行性试验研究

5.1　试验目的与试验设计

5.1.1　试验目的

开展底泥物理化学性质评价、生态改良试验是底泥进行土地利用及资源化处置的前提条件。相关研究表明，底泥的物理结构——密度和粒径质地是反映其松紧状况结构和组分物质粗细的重要指标，直接影响底泥的三相结构、底泥含水率、作物根系生长及养分的转化和供应等。只有通过对底泥进行生态改良，优化调整底泥的理化性状指标，实现底泥土壤资源化利用。本试验通过试验测试分析底泥物理性质的相关参数，为底泥土壤资源化利用提供基础数据和技术支撑。

5.1.2　试验设计与观测

供试底泥、河沙及农田土样品均来自2012年3月份海南省海口市新坡镇南渡江流域南面沟及沃宋村沃村沟，见表5-1和图5-1、图5-2。

试验用底泥取样信息表						表5-1
编号	地名	基质类型	晾干后重量（kg）	经度	纬度	海拔（m）
101	南面沟	底泥	52.75	110°21.276	19°47.283	13
201	南面沟	底泥	44.6	110°20.986	19°46.973	10
301	南面沟	底泥	52.65	110°21.171	19°45.659	8
401	东苍渡口	河沙	76.35	110°18.911	19°42.613	15
501	农丰村委会涵乐坡村	农田土	76.1	110°22.052	19°44.151	8
641	沃宋村沃村沟（下游）	底泥	3.25	110°20.848	19°46.697	28
642	沃宋村沃村沟（下游）	底泥	3.05	110°20.856	19°46.625	19
643	沃宋村沃村沟（中游）	底泥	3.35	110°20.678	19°46.316	7
644	沃宋村沃村沟（上游）	底泥	2.5	110°20.637	19°46.151	16

图 5-1　试验用底泥采集样品

图 5-2　项目区供试底泥样品采集点空间分布

1. 水分测试试验

供试样品为底泥、农田土及河沙，放置在容器中一次性浇水达到饱和持水量，此后放置在温室内水分自然蒸发，研究不同物料的水分变化过程及持水能力。水分测试仪器为 EM50 水分在线监测仪。试验时间为 2012 年 8 月 6 日 13：00 至 8 月 25 日 17：00，共计 14d，具体的试验设置见图 5-3。

图 5-3　底泥、农田土及河沙单项水分试验

2. 密度测试

环刀法测试物料密度。采用一定容积的钢制环刀，切割自然状态下的物料，使物料恰好充满环刀容积，用天平称重来测定所测物料的质量，最后计算试验用物料的密度及对应的孔隙度。

3. 三相比测试

土壤三相比不仅反映固相、气相和液相在土壤中所占的容积比例，而且包括各相的能量状态、结构和物理特性，本次试验采用 DIK-1150 仪器在实验室内对供试样品分析测试。

4. 土壤水稳性团聚体测试

采用 DIK-2001 土壤团粒分析仪对供试样品进行测试，分为 5 个标准孔径（2.0mm、

1.0mm、500μm、250μm、106μm），湿筛法，具体见图5-4。

图 5-4　土壤团粒分析仪

5. 土壤机械组成测试

对所供试样品采用正 PDPA-010 型激光粒子分析仪在室内进行。质地最终划为 3 个粒径等级：黏粒<0.002mm、粉（砂）粒 0.002～0.02mm、砂粒>0.02mm。

6. 重金属元素形态分析

本研究中对底泥中重金属形态的分析采用 BCR 法，它是将自然和人为环境条件的变化归纳为弱酸提取态（离子交换态和碳酸盐结合态）、可还原态（铁锰氧化态）、可氧化态（有机结合态）三种类型，同时将选择性提取剂由弱到强的作用充分应用，使检测影响降到最低。经过国际间几十个实验室的多次比对试验和改进，方法日益成熟和完善。

5.2　底泥理化性质特征分析

5.2.1　持水效果分析

土壤水分条件是影响作物生长的重要因素，尤其是土壤持水能力是土壤水分供给的重要指标，受土壤的质地、有机质含量及土地利用等多方面的影响。从表5-2看出，河沙、底泥和农田土三种供试物料的持水能力显著不同，试验阶段河沙水分含量平均值为17.414%、农田土为 20.814%、底泥为 35.321%；河沙含水量的变异系数最大为0.900，说明了在试验阶段其水分减小量最大、持水效果最差，底泥和农田土含水量的变异系数接近，说明持水效果接近。三种物料的持水保水效果的定量关系为：底泥的持水保水能力最好，河沙最差；底泥的持水保水能力是河沙的 2 倍，是农田土的 1.7 倍，采用底泥进行农业用土生态改良过程中，会增加种植土的持水保水能力，便于作物生长。

河沙、农田土及底泥体积含水量及气温统计表（单位：%）　　　表 5-2

试验对象	平均值	极大值	极小值	标准差	变异系数	极大-极小差值
河沙	17.414	41.3	0	15.674	0.900	41.3
农田土	20.814	37.2	9.3	9.236	0.444	27.9
底泥	35.321	52.5	8.3	15.830	0.448	44.2
气温	27.919	47.8	22	3.766	0.135	25.8

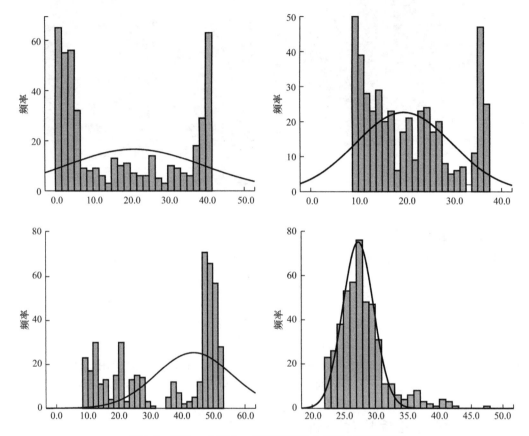

图 5-5　河沙、农田土、底泥体积含水量及气温频谱图

从图 5-5 看出，上述三种供试物料体积含水量频谱的分布可以看出，河沙、农田土及底泥体积含水量数据分布频谱不同，以农田土水分含量分布最适合植物生长，水分分布以 10%～30% 为主；底泥是以 10%～30%、40%～50% 为主，表现为较强的持水能力；河沙 0～10% 分布为主。说明了底泥表现为较强的水分保持效果，河沙较差的水分保持效果，如何将河沙与底泥合理配置、科学改良达到适合作物生长的土壤持水效果，是开展底泥农业土壤资源化利用的必要工作内容。

由图 5-6 可知：随试验时间延长各供试物料含水量呈逐渐降低趋势，三种供试材料的含水量降低速率显著不同，含水量降低趋势整体分为 2 个时间阶段：试验第一阶段（出线显著降低拐点时）底泥在试验的前 9d 水分降低速率较小，含水量保持在 45% 以上；农田土和河沙的含水量在试验的前 4d 就开始出现拐点，含水量基本上保存在 35%～40%；试验第二阶段（从拐点到试验完毕）底泥含水量一直高于河沙和农田土，农田土的含水量高于河沙,河沙的含水量降低速率要高于农田土和底泥。从上述三种供试物料体积含水量动态变化图形可以看出,底泥的持水效果较好,适合于作为种植土重建的首选原材料。

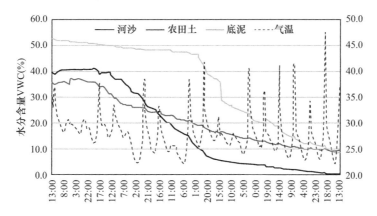

图 5-6 供试物料含水量及气温动态变化（8 月 6 日 13：00 至 8 月 25 日 17：00）

5.2.2 密度及孔隙度分析

相关文献表明,旱地耕作层较有利于植物生长的土壤密度为 1.1～1.3g/cm³,耕作层孔隙度以 50％～56％适宜于大多数作物生长。表 5-3 数据显示三者供试物料的密度及孔隙度大小显著不同,所研究的河沙、底泥密度较大,均值为 1.4g/cm³ 不适宜开展作物种植活动,项目区农田土密度均值为 1.2g/cm³,适合种植作物。从土壤的孔隙度来看,底泥的孔隙度最小,结构较为密实、通透性差,河沙次之,二者均在 39％～46％,不适宜作物生长。如果将底泥作为种植土的一部分,就需要对底泥进行密度和孔隙度的调控,使其具有适合作物生长的密度和孔隙度。

密度及孔隙度统计表　　　　　　　　　　　　　　　　　表 5-3

基质类型	密度(g/cm³)			孔隙度(％)		
	样品 1	样品 2	平均值	样品 1	样品 2	平均值
河沙	1.4196	1.3831	1.4014	45.15	46.43	45.79
底泥（破碎后）	0.9937	0.9102	0.9520	39.31	39.31	39.31
农田土	1.2424	1.2817	1.2621	63.50	63.50	63.50

5.2.3 机械组成分析

土壤机械组成及质地是影响和制约作物生长的重要的物理因素,也是影响土壤孔隙度、密度及水分保持的重要指标,在进行土壤改良和土壤剖面重构中需重点关注新构土体合理的机械组成。

土壤各粒径机械组成统计表（单位:％）　　　　　　　　　　表 5-4

基质类型	黏粒＜0.002mm	粉（砂）粒 0.002～0.02mm	砂粒＞0.02mm	土壤质地
河沙	0	0	100	砂土
底泥	0.01	16.20	83.79	壤质砂土
农田土	0.00	11.58	88.42	壤质砂土

从表 5-4 中看出,河沙粒径组成全部是砂粒,不宜直接作为农田用土壤。底泥和农田土的粒径组成中粉沙含量较大;底泥粉沙含量较农田土高出近 5%,砂粒含量较农田土低,这些不合理的机械组成特征成为底泥进行农业土地利用的限制性因素,需采取生态改良措施调整底泥的质地、降低容重来提高土壤的通透性。

5.2.4　三相结构分析

土壤三相是构成土壤肥力的物理基础条件,不同供试物料间的三相比结构差异显著。由图 5-7 可知,供试物料中气相所占体积在 45%~48%,固相差异较大:河沙最大为 50.77%,农田土为 46.72%,底泥为 32.5%;液相是以底泥最高为 21.51%,是因底泥持水保水效果良好造成。进行底泥农业土地利用时,必须合理调节和优化三相结构,确保满足植物生长需求。

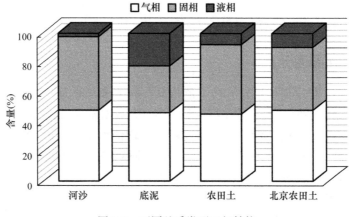

图 5-7　不同基质类型三相结构

5.2.5　水稳性团聚体组成分析

相关研究表明,土壤团聚体的组成及其基本特性是决定土壤侵蚀、压实、板结,是土壤肥力的基础和评价土壤质量的重要指标。

底泥、河沙及农田土水稳性团聚体组成统计表（单位:%）　　　　表 5-5

编号	基质类型	>2mm	2~1mm	1~0.5mm	0.5~0.25mm	0.25~0.106mm	大团聚体质量分数
1	底泥	16.52	11.58	18.5	18.84	16.26	65.44
2	底泥	0.06	019.22	20.88	12.84	13.08	53
3	底泥	0.18	3.78	16.36	20.16	14.92	40.48
4	底泥	0.62	0.34	2.32	20.74	37.98	24.02
5	底泥	4.3	2.06	7.28	14.82	23.58	28.46
6	底泥	12.02	7.12	14.96	19.48	24.74	53.58
7	底泥	11	13.24	25.22	23.8	16.14	73.26
8	底泥	13.42	15.06	16.48	10.46	11.94	55.42
	平均值	7.26	9.05	15.25	17.64	19.83	49.21

编号	基质类型	>2mm	2~1mm	1~0.5mm	0.5~0.25mm	0.25~0.106mm	大团聚体质量分数
9	农田土	0.48	1.98	5.26	8.10	20.30	15.82
10	农田土	1.1	1.26	2.02	5.12	26.00	9.5
	平均值	0.79	1.62	3.64	6.61	23.15	12.66
11	河沙	0.04	8.36	17.84	51.84	20.56	78.08
12	河沙	17.18	18.9	19.56	33.60	9.40	89.24
	平均值	8.61	13.63	18.70	42.72	14.98	83.66

从表 5-5 可知，底泥、农田土及河沙三种类型物料的水稳性团聚体质量分数有明显的差异性，底泥的水稳性大团聚体质量分数平均约 49.21%，农田土为 12.66%，河沙为 83.66%，农田土的水稳性团聚体含量最低，底泥是农田土的含量的 3.8 倍，说明施用底泥可增加种植土的水稳性大团聚体。河沙本身质地属于砂粒性状，不属于真正意义的土壤水稳性大团聚体结构。

5.2.6　重金属元素形态分析

底泥中重金属元素的 BCR 形态分布呈现不同的分布特点，受多种因素影响。本次试验测试数据如图 5-8 所示，底泥中 Cr、Ni、Cu、As 元素的残渣态含量百分比都在 90% 以上；Zn 和 Pb 的残渣态含量百分比约为 80%；Hg 的残渣态含量百分比为 62.91%；Cd 的残渣态含量最少，仅为 34.95%；Cd 的弱酸提取态含量百分比较高，高达 65.05%，说明了底泥中 Cd 元素的生物有效性高、可迁移性高、潜在生态风险大。因此在开展该类底泥土壤资源化利用时须前期对底泥进行稳定化处理，以降低底泥中个别重金属元素的生物有效性和可迁移性。

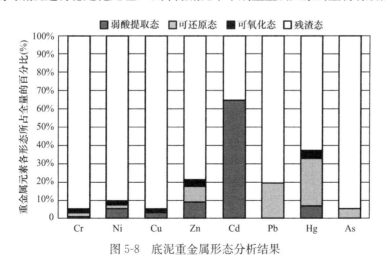

图 5-8　底泥重金属形态分析结果

5.3　底泥与河沙混合配置试验

5.3.1　持水调节效果

表 5-6 看出，三种试验物料中，河沙持水量均值最小为 19.5%，底泥为 27.62%，农

田土为 22.38%，显示出不同的持水效果。在河沙和底泥不同比例的混合配置试验中，随着河沙用量的增加，配置形成土壤的持水量均值越来越小，介于河沙和底泥单独的水分条件之间。以农田土的持水性能条件为参照系，河沙：底泥比例为 3：7 的配置模式其水分条件最接近农田土；河沙：底泥＝1：9、河沙：底泥＝2：8 的配置模式其持水条件略好于农田土。从水分条件来考虑，试验中其配置模式 4、5、6 的持水效果及其水分变化幅度较接近农田土。

河沙、底泥体积配置基质水分数据统计分析（单位：%）　　　　表 5-6

物料类型及编号	1	2	3	4	5	6	7	8
配置模式	河沙	底泥	农田土	1 沙 9 泥	2 沙 8 泥	3 沙 7 泥	4 沙 6 泥	5 沙 5 泥
平均值	19.5	27.62	22.38	26.34	27.15	23.07	20.51	20.85
最大值	36.3	38.36	33.56	38.15	37.26	33.3	26.11	27.1
最小值	10.7	23.13	16.27	21.44	22.81	19.26	17.77	17.96
最大值-最小值	25.6	15.23	17.29	16.71	14.44	14.04	8.35	9.14
标准差	7.5	4.07	4.43	4.98	3.96	3.36	2.07	2.3

图 5-9 看出，不同配置模式土壤中的水分动态变化总体趋势呈现减小且水分减小速率差异显著；不同物料在试验结束时水分含量不同，底泥水分含量一直最大，河沙最小，农田土次之，总体来说底泥和河沙混合物的水分含量介于底泥和农田土之间，有利于调节所构建形成的土体含水量状况。

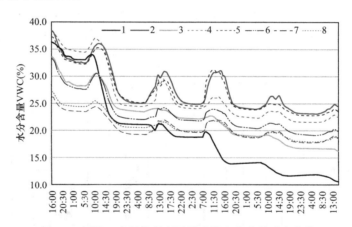

图 5-9　河沙、底泥体积配置模式的水分含量动态变化

5.3.2　比重调节效果

表 5-7 看出，河沙对调节底泥孔隙度具有一定作用，随着河沙用量增加，混合物比重先逐渐减低后趋于稳定，在河沙和底泥一定量配置模式（优先推荐河沙和底泥配置用量为 2：8：3：7）下混合土壤比重接近农田土的 49%。

河沙、底泥体积配置土壤比重（单位：%）　　　　表 5-7

物料类型	1	2	3	4	5	6	7	8
配置模式	河沙	底泥	农田土	1 沙 9 泥	2 沙 8 泥	3 沙 7 泥	4 沙 6 泥	5 沙 5 泥
平均值	45	57	49	56	53	50	54	53

从图 5-10 看出，调节后混合土壤的密度逐渐减增加，总体密度可以调节到 $1\sim1.17g/cm^3$，接近农田土的 $1.24g/cm^3$。从混合土壤的密度和孔隙度可看出，河沙和底泥的配置比例为 2∶8∶3∶7 对调节密度效果最接近农田土。

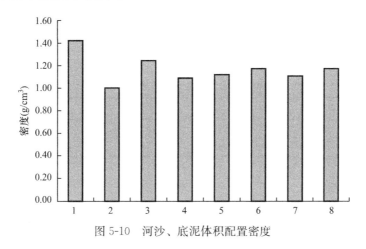

图 5-10　河沙、底泥体积配置密度

5.3.3　机械组成调节效果

表 5-8 看出，河沙对调节底泥的机械组成具有一定效果，随着河沙用量增加，混合土壤中粉粒所占比例逐渐增大。从试验数据来看，项目区土壤背景值为砂土，河沙的用量一般不宜太多，河沙体积占 $10\%\sim20\%$ 为最优用量。

土壤各粒径机械组成统计表（单位：%）　　　　　　　　表 5-8

序号	物料类型 及配置模式	黏粒 <0.002mm	粉（砂）粒 0.002～0.02mm	砂粒> 0.02mm	土壤质地类型
1	河沙	0	0	100	砂土
2	底泥	18.00	40.00	42.00	黏壤土
3	农田土	2.00	18.00	80.00	砂质壤土
4	1沙9泥	13.26	37.58	49.16	壤土
5	2沙8泥	8.00	22.00	70.00	砂质壤土
6	3沙7泥	10.00	20.00	70.00	砂质壤土
7	4沙6泥	10.00	30.00	60.00	砂质壤土
8	5沙5泥	2.00	14.00	84.00	砂质壤土

5.3.4　水稳性团聚体调节效果

从表 5-9 可以看出，底泥和河沙合理配置对于增加混合土壤水稳性大团聚体结构有较显著效果。以农田土为背景值，配置混合后土壤中的水稳性大团聚体是农田土的 4 倍，满足农作物正常生长对土壤中水稳性团聚体的要求。

河沙、底泥体积配置水稳性团聚体（单位：%）　　　　　　表 5-9

序号	1	2	3	4	5	6	7	8
物料类型配置模式	河沙	底泥	农田土	1沙9泥	2沙8泥	3沙7泥	4沙6泥	5沙5泥
平均值	78.08	55.42	15.82	77.42	71.06	67.56	77.08	71.4

5.3.5　有机质调节试验

从表 5-10 可以看出，河沙和底泥按不同比例混合后，混合土壤的有机质含量比农田土有一定的提高，提高率约在 1.2～3 倍；随着河沙用量越大，混合土壤的有机质含量降低较大。因此，将底泥农用能够有效提高土壤中有机质含量，但河沙用量最好在 30% 以内。

河沙、底泥体积配置混合物的有机质（单位：g/kg）　　　表 5-10

序号	1	2	3	4	5	6	7	8
物料类型配置模式	河沙	底泥	农田土	1沙9泥	2沙8泥	3沙7泥	4沙6泥	5沙5泥
平均值	0.05	41.70	10.91	34.35	35.54	32.24	23.96	13.44

5.3.6　pH 调节效果

在该项目区，土壤酸碱度是一个很重要的指标，从表 5-11 结果可以看出，不同处理对底泥 pH 影响不明显，混合土壤的 pH 介于 6～6.8，适合进行作物种植应用。结合资源化利用的实际情况，在酸雨区域进行底泥的农业利用，需要特别关注底泥及其混合土壤的 pH。

河沙、底泥体积配置混合物的 pH　　　表 5-11

序号	1	2	3	4	5	6	7	8
物料类型配置模式	河沙	底泥	农田土	1沙9泥	2沙8泥	3沙7泥	4沙6泥	5沙5泥
平均值	7.43	6.27	6.01	6.54	6.805	6.655	6.575	6.4

综上所述，河沙和底泥的配置最佳模式为河沙所占不超过 20%，可作为园林绿化土及农业用土。

5.4　底泥与河沙配置模式分析

底泥作为园林绿化土壤时：河沙和底泥组合、底泥与农田土组合是可行的，建议河沙和底泥的组合配置中河沙用量（体积比）在 10%～20%；底泥与农田土组合中底泥的用量（体积比）在 30%，表现为较好的理化性质。

底泥作为农业土地利用时，需要采取河沙、底泥及农田土三者进行混合组合，综合理化性质指标，河沙量（质量比）约 0～10%，底泥量（质量比）约 0～30%，其余分布为农田土量（质量比）在 60% 以上的多种配置模式。

配置后土壤的理化性质有了较大的改善，混合土壤中有机质含量可达到 3 级中等水平，满足作物生长需求；在酸性区域底泥的利用，可提高土壤的 pH。

第6章　重金属污染底泥稳定化修复材料开发试验研究

6.1　污染底泥稳定化修复研究进展

随着我国城市河湖水环境治理速度加快，疏浚底泥量不断增加，底泥中含有丰富的 N、P、K 及有机质等植物生长所必需的营养成分，底泥中也含有大量的重金属等污染物，制约着底泥的土地利用。目前，底泥中重金属的处理方法主要有两类：一类是将重金属从底泥中去除，另一类是将底泥中的重金属稳定化处理，使其重金属由有毒、易溶、不稳定的状态变为无毒、低溶或不溶、稳定的状态。

重金属污染物在底泥中具有迁移性差、滞留时间长、不能被微生物降解等特点，底泥重金属稳定化修复技术，是向底泥中加入稳定剂材料，通过改变底泥的物理性质、化学性质、pH 和氧化还原电位等，使得底泥中的重金属和稳定化剂发生沉淀、吸附、离子交换等，改变重金属在底泥中的赋存状态，降低其生物有效性、迁移性，减轻对土壤生态系统的危害性，是一种经济、有效的治理底泥污染的方法。

国内外研究中常用的无机稳定剂有：碱性物质（碳酸钙、氧化钙等）、磷酸盐类（磷酸、磷酸氢二铵、磷灰石、磷矿石、磷肥以及骨炭等其他含磷物质）、含铁物质（铁氧化物、铁盐）、黏土矿物类（高岭石、水铝矿、蛭石、绿坡缕石和海泡石等）、工业副产品类等。无机稳定剂具有成本低、效率高等优点，但是经过部分无机稳定剂处理后的土壤 pH、含盐量等过高，土壤容易板结过硬，不适合土壤种植。有机稳定剂可以通过形成金属-有机复合物、增加土壤阳离子交换量、降低土壤中重金属水溶态及可交换态的含量，从而降低重金属的生物有效性，同时能提高土壤肥力，促进植物生长。另外，有机质稳定剂取材方便、成本低廉，所以在重金属污染土壤修复中得到了广泛的应用，较常用的有机物稳定剂有有机堆肥、畜禽粪便、城市污泥、生物炭等。寻求合理的重金属污染河湖底泥的稳定化修复材料是开展底泥资源化利用中亟待解决的研究热点。

本研究以湖南某铅锌矿污染河道底泥为研究对象，该底泥是以 Pb、Cd 污染为主，基于相关研究基础选择有针对性的稳定化药剂材料，开展单因素稳定化试验研究，确定不同稳定剂对 Pb、Cd 的最优化修复材料配方，以期对 Pb、Cd 污染底泥稳定化修复提供科学依据和基础资料。

6.2　试验材料和方法

6.2.1　供试材料

供试污染底泥样品采自湖南省怀化市某 Pb、Cd 复合污染水塘。多点采集样品经人工混匀，风干，研磨过 2mm 尼龙筛，混匀后置于聚乙烯自封袋中，贴标备用。本试验中未经稳定化处理底泥简称污染底泥，处理后底泥简称稳定底泥。供试的稳定化修复材料为钙镁磷肥、海泡石、氧化钙和氧化镁（均购自国药集团化学试剂北京有限公司，AR-500g）。

污染底泥的基本理化性质及重金属含量　　　　表 6-1

性质	pH	电导率 ($\mu S/cm$)	有机质 (g/kg)	全氮 (g/kg)	全磷 (g/kg)	Zn (mg/kg)	Cd (mg/kg)	Pb (mg/kg)
底泥	7.64	954	—	—	—	1154.20	32.10	1044.60
规定限值*	>7.5	—	—	—	—	500	1.0	500

1. * 总量的规定限值来自《土壤环境质量　农用地土壤污染风险管控标准（试行）》（GB 15618—2018）

供试底泥和稳定剂的基本理化性质和重金属含量见表 6-1。污染底泥中 Zn 的全量浓度是《土壤环境质量　农用地土壤污染风险管控标准（试行）》GB 15618—2018 风险筛选值的 3.85 倍，Cd 为 40.13 倍，Pb 为 4.35 倍。而污染底泥的 TCLP 浸出浓度也未超过 EPA 有关危险废弃物 TCLP 浸出浓度阈值。

6.2.2　稳定化处理试验设计

将一定量的污染底泥与不同比例的稳定剂在烧杯中充分搅匀，最后加入质量分数 20% 的去离子水继续搅匀，置于塑料自封袋在室温下老化 15d，同时以污染底泥为空白对照，每个处理设 3 个重复，取出稳定后的底泥于塑料烧杯中，在恒温鼓风干燥箱中 40℃ 低温烘干至恒重。于研钵中研磨过 2mm 筛，混匀后置于塑料自封袋中，贴标，备用。各处理的稳定剂种类、配比及稳定化室内模拟实验设计见表 6-2。

稳定剂种类及配比设计（单位：g/100g 土）　　　　表 6-2

处理编号	海泡石	磷酸二氢钙	氧化钙	钙镁磷肥	氧化镁
0（CK）	—	—	—	—	—
1	2.0	—	—	—	—
2	4.0	—	—	—	—
3	6.0	—	—	—	—
4	8.0	—	—	—	—
5	10.0	—	—	—	—
6	2.0	1.0	—	—	—
7	4.0	2.0	—	—	—
8	6.0	3.0	—	—	—
9	8.0	4.0	—	—	—
10	10.0	5.0	—	—	—
11	—	—	—	2.0	—
12	—	—	—	4.0	—
13	—	—	—	6.0	—
14	—	—	—	8.0	—
15	—	—	—	10.0	—
16	—	—	2.0	2.0	—
17	—	—	4.0	4.0	—
18	—	—	6.0	6.0	—
19	—	—	8.0	8.0	—
20	—	—	10.0	10.0	—

处理编号	海泡石	磷酸二氢钙	氧化钙	钙镁磷肥	续表 氧化镁
21	—	—	—	2.0	1.0
22	—	—	—	4.0	2.0
23	—	—	—	6.0	3.0
24	—	—	—	8.0	4.0
25	—	—	—	10.0	5.0

6.2.3 重金属形态分析

污染底泥中重金属的浸出毒性不仅与重金属的总量有关，还与其赋存的化学形态密切相关。试验中采用 BCR 连续提取法进行形态分析，BCR 法是欧共体标准局在 Tessier 分析方法的基础上提出的。研究表明，BCR 法的重现性较好。本章节中针对各处理底泥重金属 BCR 形态分析参考李翔等研究方法，底泥重金属样品分析在轻工业环境保护研究所中轻环境实验中心进行，该实验室具有 CMA 检测资质，试验数据达到相应的质控要求。

6.3 海泡石处理后重金属 BCR 形态分析

单独使用海泡石稳定化处理后底泥中重金属 BCR 形态含量见图 6-1。海泡石用量对污染底泥中不同重金属形态的影响差异较大。当海泡石用量为 2g/100g、4g/100g 和 6g/100g 时，稳定化后底泥中 Zn 的弱酸提取态含量分别增加了 12.03%、6.86% 和 1.26%；当用量为 8g/100g、10g/100g 时，底泥中 Zn 的弱酸提取态含量分别减少了 38.07% 和 44.64%。Zn 的可还原态含量的变化与弱酸提取态的变化相反，可氧化态和残渣态的含量变化不大。可见海泡石对该污染底泥中的 Zn 的影响主要是在弱酸提取态和可还原态之间的转化，当海泡石用量控制在 8~10g/100g 时底泥中 Zn 的弱酸提取态含量降低，表现为对重金属的最佳稳定化效果。

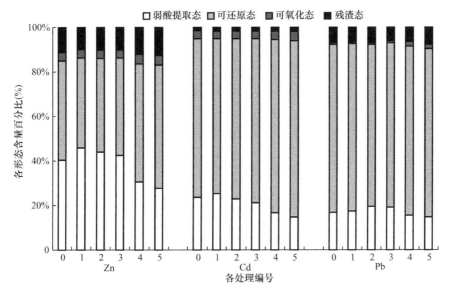

图 6-1 海泡石稳定化处理前后底泥中重金属 BCR 形态分布

当海泡石用量分别为 4g/100g、6g/100g、8g/100g、10g/100g 时，稳定化底泥中 Cd 的弱酸提取态含量相对于原状污染底泥分别减少了 6.49%、13.58%、37.19% 和 44.97%，Cd 的可还原态含量的变化与弱酸提取态的变化相反，可氧化态和残渣态含量变化不大。

海泡石用量为 2g/100g、4g/100g、6g/100g 时，稳定化后底泥中 Pb 的弱酸提取态含量相对于稳定化处理前分别增加了 8.20%、13.78% 和 9.23%；海泡石用量为 8g/100g、10g/100g 时，底泥中 Pb 的弱酸提取态含量反而减少，相对于原状污染底泥分别减少 15.80% 和 19.22%。Pb 的可还原态含量变化与弱酸提取态的变化相反，可氧化态含量在海泡石用量为 8g/100g、10g/100g 时显著增加了 3.03 倍和 2.76 倍，残渣态的含量变化不大。

6.4　海泡石＋磷酸二氢钙处理后重金属 BCR 形态分析

由图 6-2 可知，海泡石和磷酸二氢钙用量配合使用稳定化处理后，底泥中 Zn 的弱酸提取态含量减少，相对于原状污染底泥分别减少了 31.55%、31.01%、34.93%、39.13% 和 41.88%。Zn 的可还原态含量变化与弱酸提取态变化相反，可氧化态和残渣态的含量变化不大。

海泡石和磷酸二氢钙配合使用稳定化处理后，底泥中 Cd 的弱酸提取态含量减少，相对于原状污染底泥分别减少了 83.44%、82.14%、81.70%、81.61% 和 77.68%。Cd 的可还原态含量变化与弱酸提取态变化相反，但变化较小，可氧化态和残渣态的含量变化不大。

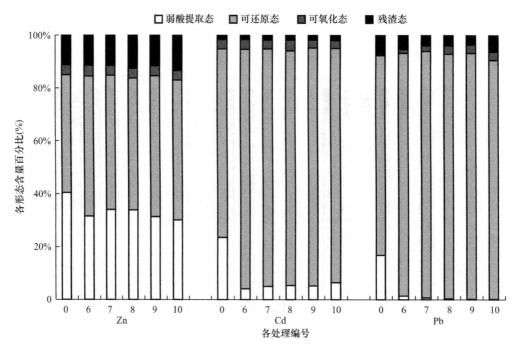

图 6-2　海泡石＋磷酸二氢钙稳定化处理前后底泥中重金属的 BCR 形态

海泡石和磷酸二氢钙配合使用稳定化处理后，底泥中 Pb 的弱酸提取态含量减少，相对于原状污染底泥分别减少 90.69％、96.02％、97.81％、98.51％和 98.95％。Pb 的可还原态含量的变化与弱酸提取态的变化相反，但变化较小，可氧化态和残渣态的含量变化不大。

6.5　钙镁磷肥处理后重金属 BCR 形态分析

由图 6-3 可知，钙镁磷肥用量为 2g/100g、4g/100g、6g/100g、8g/100g、10g/100g 时，底泥中 Zn 的弱酸提取态含量减少，相对于原状污染底泥分别减少了 31.93％、38.65％、44.64％、50.10％和 53.80％。Zn 的可还原态含量变化与弱酸提取态变化相反，可氧化态和残渣态的含量变化不大。

钙镁磷肥用量为 2g/100g、4g/100g、6g/100g、8g/100g、10g/100g 时，底泥中 Cd 的弱酸提取态含量减少，相对于原状污染底泥分别减少了 82.18％、89.00％、92.80％、94.33％和 95.52％。Cd 的可还原态含量变化与弱酸提取态变化相反，但变化较小，可氧化态和残渣态的含量变化不大。

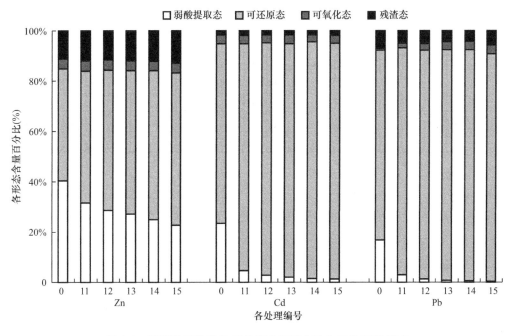

图 6-3　钙镁磷肥稳定化处理前后底泥中重金属的 BCR 形态

钙镁磷肥用量为 2g/100g、4g/100g、6g/100g、8g/100g、10g/100g 时，底泥中 Pb 的弱酸提取态含量减少，相对于原状污染底泥分别减少了 80.99％、91.63％、96.09％、97.25％和 97.87％。Pb 的可还原态含量变化与弱酸提取态变化相反，但变化较小，可氧化态含量和残渣态的含量变化不大。

6.6　钙镁磷肥＋氧化钙处理后重金属 BCR 形态分析

由图 6-4 可知，钙镁磷肥和氧化钙配合使用稳定化处理后，底泥中 Zn 的弱酸提取态含量减少，相对于原状污染底泥分别减少了 29.66％、44.30％、58.38％、75.87％和 86.10％，可氧化态和残渣态的含量变化不大。底泥中 Cd 的弱酸提取态含量减少，相对于原状污染底泥分别减少了 77.73％、92.34％、96.79％、98.92％和 99.30％。Cd 的可还原态含量变化与弱酸提取态变化相反，但变化较小，可氧化态和残渣态的含量变化不大。底泥中 Pb 的弱酸提取态含量减少，相对于原状污染底泥分别减少82.23％、95.16％、97.77％、98.63％和 98.79％。Pb 的可氧化态和残渣态的含量变化不大。

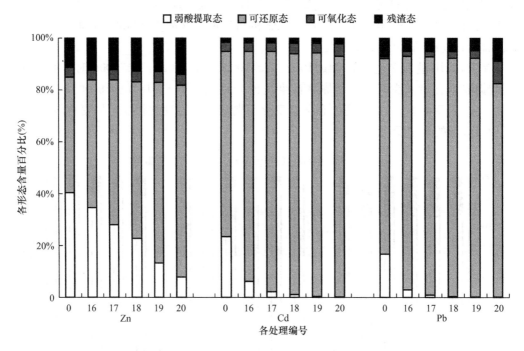

图 6-4　钙镁磷肥＋氧化钙稳定化处理前后土壤中重金属的 BCR 形态

6.7　钙镁磷肥＋氧化镁处理后重金属 BCR 形态分析

由图 6-5 可知，钙镁磷肥和氧化镁配合使用稳定化处理后，底泥中 Zn 的弱酸提取态含量减少，相对于原状污染底泥分别减少了 32.90％、42.46％、54.05％、66.34％和 80.44％。底泥中 Cd 的弱酸提取态含量减少，相对于原状污染底泥分别减少了 81.47％、89.59％、94.76％、97.02％和 98.91％，可氧化态和残渣态的含量变化不大。底泥中 Pb 的弱酸提取态含量减少，相对于原状污染底泥分别减少83.64％、94.98％、97.66％、98.48％和 98.79％，可氧化态和残渣态的含量变化不大。

总之重金属形态分析表明，稳定剂能够明显减少 Zn、Cd、Pb 的弱酸提取态含量；复合配置稳定剂对底泥重金属的稳定化效果好于单独使用效果，基于稳定剂对三种重金属元素的协同稳定效果，建议考虑使用低量的复合稳定剂。

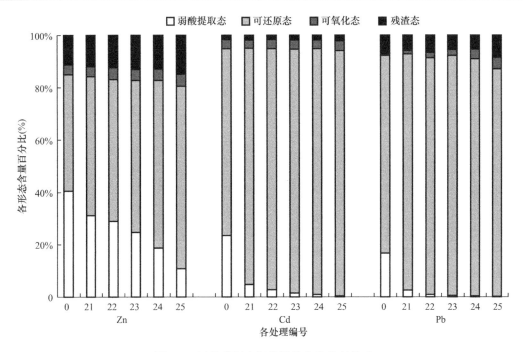

图 6-5 钙镁磷肥＋氧化镁稳定化处理前后
土壤中重金属的 BCR 形态

6.8 阳离子交换量变化

各稳定化处理后，底泥阳离子交换量变化见图 6-6～图 6-10。由图可以看出，除了海泡石用量为 2g/100g 时，底泥阳离子交换量陡增外，其他各处理间的阳离子交换量差异不大。

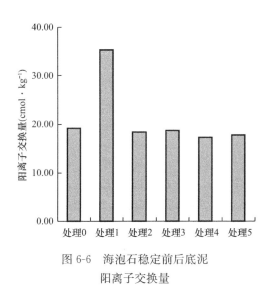

图 6-6 海泡石稳定前后底泥
阳离子交换量

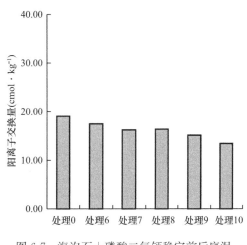

图 6-7 海泡石＋磷酸二氢钙稳定前后底泥
阳离子交换量

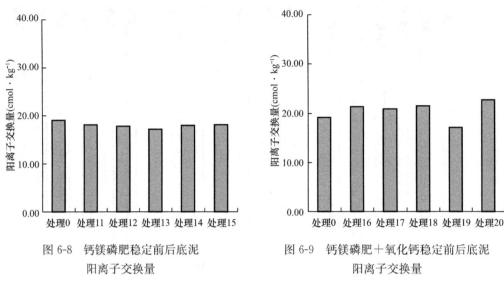

图 6-8 钙镁磷肥稳定前后底泥
阳离子交换量

图 6-9 钙镁磷肥＋氧化钙稳定前后底泥
阳离子交换量

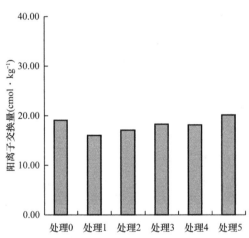

图 6-10 钙镁磷肥＋氧化镁稳定前后底泥
阳离子交换量

6.9 pH 与 EC 变化

图 6-11 可知，稳定剂施加对底泥 pH 变化调节效果很大，稳定剂种类、稳定剂用量对稳定后底泥的 pH 值影响显著；从稳定化试验中看出高量石灰或氧化镁分别与钙镁磷肥复配后对底泥的酸碱度影响较大（pH≥8），所以在选择稳定剂时需要考虑对底泥 pH 的影响。

由图 6-12 可知，稳定剂种类、稳定剂用量对底泥 EC 有着显著的影响，稳定化试验中看出高量石灰与钙镁磷肥复配后会造成底泥盐分增加；所以在选择稳定剂时需要考虑对底泥盐分的影响。

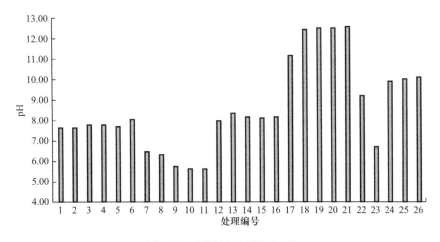

图 6-11 不同处理底泥的 pH

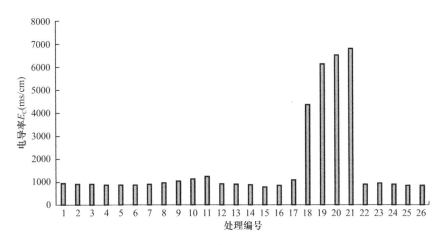

图 6-12 不同处理底泥的 EC

6.10 稳定剂开发小结与讨论

单独使用低量海泡石时会增加 Zn、Cd 和 Pb 的弱酸提取态含量；当使用量最大为 10g/100g 时，三者的弱酸提取态含量减少率分别为 44.64％、44.97％和 19.22％，稳定化效果不明显；可氧化态含量稍有增加，可还原态和残渣态含量变化不大。

海泡石和磷酸二氢钙配合使用作为本研究中重金属污染底泥的稳定剂，Zn、Cd 和 Pb 的弱酸提取态含量随着稳定剂用量的增加而减少，使用量最大时，三者的弱酸提取态含量减少率分别为 41.88％、77.68％和 98.95％。可见磷酸二氢钙的加入明显减少了 Cd 的弱酸提取态，特别是对 Pb 的减少率最大。

单独使用钙镁磷肥时，Zn、Cd 和 Pb 的弱酸提取态含量随着用量的增加而减少，当使用量最大为 10g/100g 时，三者的弱酸提取态含量减少率分别为 53.80％、95.52％和 97.87％。可见，钙镁磷肥对 Cd 和 Pb 的稳定化效果显著。

钙镁磷肥和氧化钙配合使用时，Zn、Cd 和 Pb 的弱酸提取态含量随着用量的增加而减少，使用量最大时，三者的弱酸提取态含量减少率最大分为 86.10％、99.30％ 和 98.79％。

钙镁磷肥和氧化镁配合使用时，Zn、Cd 和 Pb 的弱酸提取态含量随着用量的增加而减少，使用量最大时，三者的弱酸提取态含量减少率分别为 80.44％、98.91％ 和 98.79％。

稳定剂种类、稳定剂用量等都对稳定化底泥的 pH 及 EC 等有着直接的影响，需要在实际应用中合理地选择材料的类型及稳定剂用量，以免对种植底泥的影响。不同稳定剂对减少 Zn、Cd、Pb 的弱酸提取态含量大小不同；复配稳定剂对重金属的稳定化效果好于单独效果，基于稳定剂对三种重金属元素的协同稳定效果，建议考虑使用低量的复合稳定剂。

第 7 章　土地整治中底泥质耕作层土壤构建方法研究

7.1　底泥土地利用背景及现状

　　土地整治是对低效利用、不合理利用和未利用土地进行综合治理，对农田耕作层土壤质量具有显著的改善效果；耕作层土壤是耕地的精华，是土地整治的核心内容之一。耕作层土壤的构建是依据相关标准规范，结合项目区土壤资源的特征、可得性、运距及工程投资等因素制定出执行方案；也直接影响土地整治工程的质量与效果，具有重要意义。

　　研究表明，我国部分区域农田土壤侵蚀严重，存在耕作层土壤数量和质量逐年降低或耕作层缺失的现象；土地整治与复垦工程中耕作层土壤构建通常采用表土壤剥离技术或客土法，以实现保护耕地优质资源、增加土层厚度、改善土体构型、提高养分水平、提升耕地数量和质量。目前，耕作层土壤构建中存在客土土源单一、利用成本差异较大、技术方法不完善、施工工艺不规范、应用效果差等问题。研究发现，在区域性耕作层土壤缺失区域（如：南方喀斯特岩溶地区、海南岛火山岩地区、沿海土地沙化地区等），表土剥离和客土法不能很好地解决土地整治中耕作层土壤不足的现状。因此，为了充分利用土地整治区域内丰富的类土壤资源（如河道疏浚底泥等），通过实施土壤构建、土壤修复、土壤改造等措施综合集成底泥质耕作层土壤技术模式，可补充土地整治工程中的耕作层土壤资源量。目前，中国河流底泥资源丰富，底泥中既含有害成分，也含有丰富的氮、磷及有机质；疏浚底泥处置及利用模式多样，土地资源化利用是一种具发展潜力的处置方式，兼具经济效益与环境效益。底泥中污染及生态风险性评价、底泥污染修复技术、土地利用工程工艺参数、底泥利用食品安全评价等方面研究缺乏均是制约底泥大规模土地利用的重要因素。

　　本研究以轻微污染底泥土地利用为主线，从底泥质耕作层土壤构建方法的基础理论、底泥环境污染及肥力调查评价、底泥重金属稳定化修复、底泥改造土壤工程技术及应用效果等方面系统地探讨了土整工程中底泥质耕层土壤构建的基础、内容、设计方法、施工工艺及应用效果，这对于如何利用河流疏浚底泥在土地整治过程中建造一个更加适宜于植物生长、环境风险低的土壤介质并迅速提高土壤肥力、改善耕作层土壤质量、提高土地整治工程效益和保障农地可持续利用都具有十分重要的理论和现实意义。

7.2　底泥质耕作层土壤构建的基础及内容

7.2.1　基本理论

　　1. 环境学理论

　　以底泥污染及潜在生态风险评价为基础，重金属污染底泥经稳定化修复处理后，容易被植物吸收的可交换态含量大幅降低，残渣态含量大幅增加，重金属迁移性大幅降低，减少了对生物生长及环境的影响。

2. 土壤学理论

底泥改造成耕作层土壤后，需具有合理的物理结构和土壤剖面，适宜农作物种植；可持续地为植物生长提供养分和合理的土壤结构，确保作物增产高产，这是底泥改造土壤的指导原则。

3. 食品安全理论

底泥质耕作层土壤上所种植作物食品重金属含量必须符合《食品安全国家标准　食品中污染物限量》GB 2762—2017 中的相关限量指标，确保农作物食品安全，进而达到降低或控制重金属污染底泥土地利用带来的环境风险。

7.2.2　技术流程

底泥质耕作层土壤构建方法是一个多环节、有机结合的综合决策分析、规划设计过程。基于底泥重金属和养分含量数据全面评价出底泥环境状况、肥力特征，提出底泥分类利用的适宜性；针对可利用底泥因地制宜地提出底泥稳定化修复模式；结合待整治区土方平衡，制定出底泥构建土壤方法；最后在大田构建底泥质耕作层土壤，开展大田原位试验应用效果监测，具体流程见图 7-1。

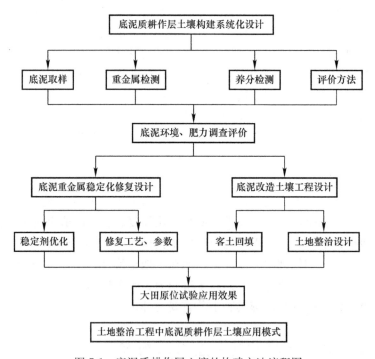

图 7-1　底泥质耕作层土壤的构建方法流程图

7.2.3　主要内容

底泥质耕作层土壤构建是在缺少客土源的土地整治工程用地范围之内，利用疏浚底泥，采用适当的农地整理施工工艺，并应用物理、化学或生态措施，人为构建或培育一个完善的耕作层土壤系统，能达到提升耕地质量。该方法包括底泥环境及肥力状况调查评价、底泥重金属稳定化修复、底泥改造土壤工程设计及应用效果监测等方面，主要内容概况如下：

1. 底泥环境及肥力调查评价

依据相关标准开展河流底泥现场系统布点取样；样品开展室内检测分析；依据有关评价指标及限值开展底泥样品环境及肥力评价，探明所调查河流底泥污染类型、污染强度、污染等级、污染空间分布、分类疏浚底泥量、养分状况、质地分类、综合规划利用方向等内容。该环节提出底泥分类利用方向，并指导底泥分类疏浚及应用。

2. 底泥重金属稳定化修复

原位稳定化修复是向污染土壤中施加稳定剂，调节和改变土壤物理化学性质，达到修复目的，属比较成熟的修复技术。依据底泥分类利用方向，底泥重金属不超标的则不需要稳定化修复设计；底泥轻微污染的需开展稳定化修复设计。以轻微污染底泥为修复对象，在室内开展稳定剂配方的正交试验，提出修复底泥效果好、成本低的稳定化修复工程工艺、参数及稳定剂配方等。

3. 底泥改造土壤工程

基于待整治区土地适宜性评价、将修复后底泥改造成肥力良好、结构适宜的种植土壤；结合项目区土方平衡计算，确定底泥回填方案。

4. 应用效果监测与评价

针对修复改造后土地，开展种植土壤肥力、土壤质地、作物重金属含量、作物产量、种植收益等指标的跟踪监测，开展应用效果评价及环境风险控制。

7.3　底泥环境及肥力调查评价

7.3.1　调查评价原则

1. 针对性原则

不同利用方向和利用类型对于底泥理化性质有着不同的要求，底泥对于不同的利用方向和用途也会表现出不同的适宜性和限制性，本研究所涉及的主要是底泥土地利用。因此，对于底泥环境质量评价，主要是根据底泥的各种自然属性对于土地整治和农业土地利用的适宜性和限制性进行评价。

2. 适宜性与限制性相结合

河流底泥是由多种自然、经济、社会因素构成的一个复杂的历史自然综合体，针对某一具体的利用方向和利用类型来说，底泥的某些方面的属性可能表现为较好的适宜性，而另外一些因素则可能会表现为较强的限制性。在对底泥进行质量评价时，必须综合分析底泥的各种属性对于某种用途所表现出的适宜性和限制性，以便作出更为准确、合理的评定。

3. 主导因素与综合因素相结合

底泥质量是由底泥各种属性特征的综合表现，因此，影响底泥质量的因素很多，不同的因素可能会从不同的方面，通过不同的作用方式影响底泥质量评价等级。但对于某种具体的用途而言，其中的一些因素对于底泥的适宜性或者是限制性的影响较之于其他因素更大，对于底泥质量评价等级的评定起着主要的甚至是决定性的作用，称这些因素为主导因素。在具体评定底泥的质量等级时，对这些主导因素进行重点分析的同时，也要综合分析各种因素对于底泥质量的影响。

4. 有利于指导施工

底泥环境评价最终目的是为指导应用和施工提供服务，因此，有利于指导应用和施工应当作为底泥质量评价的基本思想和遵循的基本原则。

5. 科学性与可操作性

由于底泥环境评价的结果最终要运用于指导底泥应用和施工，因此，必须强调评定方法和结果的科学性。同时，要结合可能的实际情况，决定所选取的参评因素和评定方法。

7.3.2　河流参数调查

河流调查内容分为两类：（1）河流地理特征类指标：水域面积、河流长度、河流宽度、流向、水流速度、河道比降、河道断面形状、水文水资源等，作为为底泥布点取样基础依据。（2）河流环境类指标：河流水质、河泥储量、污染源等，便于后期开展底泥评价分析应用。

7.3.3　底泥采样及样品检测

底泥布点采样遵循系统性、代表性、全面性、科学性、可操作性等原则，依据《沉积物质量调查评估手册》与河流参数，采用网格布点法和断面布点法，开展河流底泥系统布点取样。采样工具为抓取式采样器（Grab sampler）或钻取式采样器（Core sampler），底泥采样深度需根据疏浚底泥的深度来定。底泥样品重金属和肥力指标检测采用《土壤环境监测技术规范》HJ/T 166—2004，分析质控数据要合理，应达到相应精度要求。

7.3.4　底泥评价方法

结合底泥土地利用目标和底泥调查检测数据，参照《土壤环境质量　农用地土壤污染风险管控标准（试行）》GB 15618—2018、《全国第二次土壤普查有关标准：肥力指标及评价限值》等标准值进行评价。底泥环境评价常规采取以下几种方式：（1）底泥重金属单项污染指数法，用以识别单项指标的重金属污染类型及污染状况。（2）内梅罗综合污染指数法，用以评价底泥各污染物对土壤环境质量的影响，根据表 7-1 中的内梅罗综合污染指数来划定底泥综合污染等级，底泥属中度污染时不适合修复用作耕作层土壤。（3）潜在生态危害指数法，是综合考虑底泥重金属含量、重金属生态效应、环境效应及毒理学，采用具有可比的、等价属性指数分级法进行评价，潜在生态危害指数分级标准如表 7-2 所示；当底泥生态危害程度为Ⅳ、Ⅴ时不宜用作耕作层土壤。

土壤污染水平分级标准

表 7-1

等级	P_i	$P_综＝I$	污染等级	污染水平
1	$P_i<1$	$P_综<0.7$	安全	清洁
2		$0.7{\leqslant}P_综<1$	警戒级	尚清洁
3	$1{\leqslant}P_i<2$	$1{\leqslant}P_综<2$	轻微污染	土壤轻污染，作物开始受到污染

续表

等级	P_i	$P_综=I$	污染等级	污染水平
4	$2{\leqslant}P_i<3$	$2{\leqslant}P_综<3$	中度污染	土壤作物受到中度污染
5	$3{\leqslant}P_i$	$3{\leqslant}P_综$	重污染	土壤作物均受污染已相当严重

注：P_i 为底泥单一污染物环境质量指数，$P_综$ 为底泥各污染物综合环境质量指数，I 为内梅罗综合污染指数。

E_r^i 和 RI 与污染程度的关系　　　表 7-2

C_f^i	污染程度	E_r^i	RI	危害程度
$C_f^i<1$	清洁Ⅰ	$E_r^i<40$	$RI<150$	轻微生态危害Ⅰ
$1{\leqslant}C_f^i<3$	低污染Ⅱ	$40{\leqslant}E_r^i<80$	$150{\leqslant}RI<300$	中等生态危害Ⅱ
$3{\leqslant}C_f^i<6$	中污染Ⅲ	$80{\leqslant}E_r^i<160$	$300{\leqslant}RI<600$	强生态危害Ⅲ
$6{\leqslant}C_f^i<9$	较高污染Ⅳ	$160{\leqslant}E_r^i<320$	$RI{\geqslant}600$	很强生态危害Ⅳ
$C_f^i{\geqslant}9$	高污染Ⅴ	$E_r^i{\geqslant}320$		极强生态危害Ⅴ

注：C_f^i 为单项污染系数，E_r^i 为潜在生态风险单项系数；RI 为潜在生态风险指。

底泥肥力评价方法：（1）比对法，将底泥肥力指标逐一与《全国第二次土壤普查的土壤养分分级标准》进行比较，可得到该样品肥力指标的丰缺程度；（2）模糊综合评价法，采用模糊数学法，得到不同样品之间肥力的等级。

综合底泥样品环境评价、肥力评价结果提出低度污染（Ⅱ）等级以下、肥力为二级水平以上的底泥即可土地利用。基于河流地理参数和 GIS 软件对底泥污染状况与肥力评价结果进行空间分析，计算出河流底泥分类利用空间布局及资源量，为底泥分类疏浚提供空间依据。

7.4　底泥重金属稳定化修复

7.4.1　稳定剂及工艺参数优化

稳定化修复所选用稳定剂种类、用量与土壤中重金属元素种类及污染程度有直接关系；底泥中 Cu、Zn、Cd、Pb 等元素适合稳定化修复，稳定剂采用磷酸盐、镁系氧化物、某黏土矿物等复合物。借助 BCR 连续提取法或 Tessier 五步提取法分析底泥中 Cu、Zn、Cd、Pb 的弱酸提取态、可氧化态、可还原态及残渣态含量，其中弱酸提取态和残渣态所占的比例及其转化特征是直接影响底泥重金属修复目标和效果的关键指标。

选择典型污染底泥样品为稳定化供试材料，设置磷酸盐、镁系氧化物、硅酸盐、生石灰、某类黏土矿物的不同组分配方，开展室内正交试验研究，以稳定化后底泥重金属形态及浸出毒性试验数据均达标的试验处理组分确定为最优稳定剂配方。稳定化修复速度和效果还受土壤质地、水分因素及稳定化时间等工艺工况条件影响较大，故选用稳定剂配方用量、土壤水分条件、土壤稳定化时间设置三因素三水平的正交试验，提出修复底泥效果好、成本低、可操作的稳定剂用量水平和稳定化修复工程工艺参数供设计应用。稳定化底泥修复后应用于土地整治工程中，开展大田叶菜类作物种植验证试验，室内测试蔬菜中重金属含量能否达到《食品安全国家标准　食品中污染物限量》GB 2762—2017 标准，以检验稳定化修复效果。

7.4.2　底泥修复施工设计

底泥稳定化修复施工设计是将修复工程技术方案应用到大田工程中，据已有应用经验，修复流程如下：人工将设计用量稳定剂施撒于平整好的底泥田块；采用机械旋耕进行多次旋耕、混合、破碎；旋耕前期对底泥进行水分控制（底泥水分的湿—干交替变化），确保稳定剂与底泥重金属充分发生反应，加速修复速度和修复效果。修复后的底泥休耕 2个月（也称土壤老化），即完成底泥稳定化修复过程。

7.5　底泥改造土壤工程

7.5.1　待整治土地地质环境调查

待整治土地地质环境调查，既可摸清修复后底泥应用区域耕作层土壤本底现状，又为底泥构建耕作层土壤应用提供基础数据，其调查内容除了满足《土地整理项目测绘、勘察相关技术要求》外，还应包括如下内容：（1）查明项目区内土层厚度分区、土壤种类、质地及肥力等级；（2）查明现有土壤环境质量状况；（3）提出待整治区现有耕作层土壤质量等级及土地整治规划设计的种植制度。

7.5.2　待整治土地平整原则及工艺

土地平整工程工艺是土地整理实施中的重要环节，要遵循因地制宜地尽量减少土地平整中开挖和运输土石方的工程量、农田灌排等水利实施布局、田块适宜种植作物特征等原则，最终通过土地平整设计达到地块规整、土层增厚、方便耕作、有效耕地面积增加、土地利用率提高的目的。

在土地平整工程设计时要充分结合待整治土地区域的具体地形、地貌等自然条件、灌溉排水系统、田间道路、农田防护等工程布局因素，依据《土地开发整理项目规划编制规程》TD/T 1011—2016、《土地整治项目规划设计规范》TD/T 1012—2016 等进行土地平整分区、土方平衡计算、土方平衡方案设计，提出底泥客土田块及回填量。考虑到底泥客土利用的特殊性和可操作性，设计中要依据土方回填设计高程和现存耕层土壤厚度计算出每个底泥利用田块的底泥用量、回填厚度、稳定剂用量、底泥回填面积等工程参数。

7.5.3　底泥客土回填施工工艺

该阶段是集底泥铺设、土地平整及底泥稳定化修复于一体的施工工艺与参数设计；依据《土地开发整理项目规划编制规程》TD/T 1011—2016 制定出项目中底泥质耕作层土壤构建应用的可行性方案，具体底泥构建土壤工艺流程介绍如图 7-2 所示。

图 7-2　底泥构建土壤工艺流程

原料进场环节：待回填底泥田块进行准确的工程放线。将可利用的疏浚底泥直接运输到放线田块内,分散堆放;既能让底泥自然脱水,又节约底泥铺设成本。依据现场运输路线及底泥回填量,制定出底泥运距、装卸量、运输总量等工程参数。

底泥铺设平整环节操作流程如下:采用推土机或大型长臂钩机对所分散堆放底泥平整,平整后田块底泥要达到设计厚度和回填高程;平整破碎后底泥直径控制在≤5cm;平整后田块底泥铺设厚度均匀、田面不留死角,厚度误差在±(3~5)cm内;结合铺泥厚度和面积计算出底泥铺设工程量。

稳定剂施加环节:采用人工施撒稳定剂(与常规农田人工施基肥方式一致),按照设计用量施用;稳定剂均匀施撒于平整好的底泥表面,底泥田面均匀;施撒稳定剂避开雨天,结合稳定剂用量和施用面积计算出稳定剂施加工程量。

旋耕混合环节:采用卧式旋耕机,旋耕厚度≥35cm,铺设底泥田块单元内作业;底泥、稳定剂旋耕混合时间要依据底泥的实际含水率来定,第一次、第二次旋耕混合底泥含水率控制在25%左右进行,第三次旋耕水分在20%以下进行,旋耕间隔期间进行浇水干湿反应,共计2次;底泥和稳定剂要混合均匀,依据旋耕次数、面积等计算出旋耕工程量。

土壤老化环节:待底泥旋耕混合3次后,将修复后底泥实施休耕2个月,即完成土壤修复的老化过程。

7.5.4 应用效果监测与评价

底泥质耕作层土壤在种植应用后实施定点抽样、定期采样监测土壤和作物食品指标,监测指标可分为:食品重金属类指标、土壤肥力类指标、土壤重金属类指标、作物产量类指标等,依据相关行业技术标准进行分析与评价及时掌握土壤修复运行效果。

7.6 底泥应用的大田验证效果

7.6.1 试验底泥背景值分析

大田试验供试底泥取自南渡江流域新坡河塘(海南省海口市龙华区新坡镇境内),经系统取样调查分析,本试验用底泥的养分和Cd含量均值见表7-3。

底泥养分和Cd含量 表7-3

指标	pH	全氮(g/kg)	全磷(g/kg)	全钾(g/kg)	有机质(g/kg)	镉(mg/kg)
均值	6.182	2.8717	1.1824	9.3000	92.9408	0.4245

从表7-3可知,底泥中全氮、全磷、有机质等养分指标达到1级(丰)水平;按照《食用农产品产地环境质量评价标准》HJ/T 332—2006底泥中Cd属轻微污染水平,该底泥可以进行土地利用。

7.6.2 大田试验设计

在海南省海口市龙华区新坡镇下寺村内的砂质废弃土地上开展了底泥质耕作层土壤构建应用试验研究,本次试验按照底泥质耕层土壤构建方法布置大田试验。底泥大田原位稳定化修复试验过程是：土地平整→小区划分→底泥铺设→稳定剂铺撒→旋耕混合→干湿交替养护。

供试底泥为 Cd 污染，设置 3 个底泥体积用量梯度：20％、40％、60％（底泥铺设厚度分别是 5cm、10cm、15cm），经旋耕混合形成土壤 Cd 污染梯度分别为：低浓度、中浓度、高浓度；比对 HJ/T 332—2006 标准，土壤 Cd 超标倍数分别为 1.10 倍、1.57 倍和 2.23 倍。每个梯度中 SD 为应用底泥未修复处理对照组，LP、SP、MP 分别为不同稳定剂修复处理组，1、2、3 分别代表土壤中 Cd 超标的低、中、高浓度处理。具体试验处理中所投加稳定剂种类和用量见表 7-4。每个处理设置 3 个重复小区，每个小区宽 4m，长 5m，面积为 20m²。试验大田种植空心菜，同期监测空心菜重金属含量、产量及土壤肥力指标，以验证底泥质耕层土壤的应用效果。

稳定剂种类、用量及空心菜茎叶中 Cd 含量　　　　　　表 7-4

浓度	处理	石灰 (kg/m²)	钙镁磷肥 (kg/m²)	海泡石 (kg/m²)	磷酸二氢钙 (kg/m²)	空心菜茎叶 Cd 含量 (mg/kg)
低浓度 0.33g/kg	1SD	—	—	—	—	0.0505aA
	1LP	0.30	0.30	—	—	0.0085cB
	1SP	—	—	0.30	0.30	0.0310bcB
	1MP	—	0.60	—	—	0.0175bAB
中浓度 0.47g/kg	2SD	—	—	—	—	0.0526aA
	2LP	0.45	0.45	—	—	0.0251bB
	2SP	—	—	0.45	0.45	0.0322bB
	2MP	—	0.90	—	—	0.0292bB
高浓度 0.67g/kg	3SD	—	—	—	—	0.0573aA
	3LP	0.60	0.60	—	—	0.0082bB
	3SP	—	—	0.60	0.60	0.0202bB
	3MP	—	1.20	—	—	0.0173bB
限值 1						0.2
限值 2						0.05

注：表中同一列中小写字母相同表示在 $P=0.05$ 水平上差异不显著；表中同一列中大写字母相同表示在 $P=0.01$ 水平上差异不显著；限值 1 为 GB 2762—2012 "食品中污染物限量" 中相关标准限值；限值 2 为 GB 18406.1—2001 "农产品安全质量　无公害蔬菜安全要求" 中相关标准限值。

7.6.3 应用效果分析

表 7-4 可以看出所有稳定化处理组中空心菜 Cd 含量均低于 "无公害蔬菜安全要求" 的限值，而未处理对照组空心菜 Cd 含量均超过 0.05mg/kg 的标准，说明稳定剂对 Cd 具有较好的稳定效果；在对应的污染水平下，稳定化对空心菜 Cd 含量的降低率分别为 83.17％（1LP）、38.61％（1SP）、65.35％（1MP）、52.28％（2LP）、38.78％（2SP）、44.49％（2MP）、85.69％（3LP）、64.75％（3SP）和 69.81％（3MP），蔬菜中 Cd 降低率在 38.61％～85.69％，表明稳定剂对蔬菜重金属具有良好的降低效果。

以图 7-3 中未处理组为对照，随着底泥用量增加，各底泥质耕层土壤处理对空心菜产量也呈增加趋势，增产率为 8.7％～13％；稳定剂对空心菜产量呈现增加的效果，以相同污染梯度处理做对照，稳定剂对空心菜产含量的增产率分别为 2.77％（1LP）、10.67％

80

（1SP）、4.35%（1MP）、4.35%（2LP）、17.03%（2SP）、8.33%（2MP）、20.21%（3LP）、24.04%（3SP）和27.53%（3MP），说明底泥质耕作层土壤具有提高蔬菜产量的应用效果。

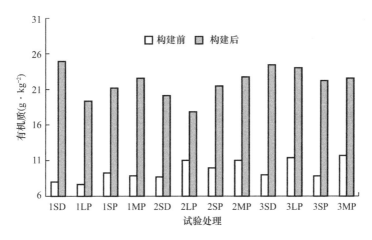

图7-3　不同稳定剂处理下空心菜产量

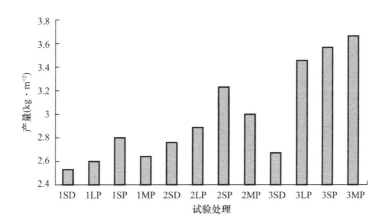

图7-4　不同稳定剂处理下土壤有机质含量

图7-4中以构建前土壤有机质含量为对照，底泥质耕作层土壤的有机质含量在构建后呈现非常显著的增加效果，土壤有机质含量增加倍数在0.95～2.18倍，说明底泥质耕作层土壤构建能显著提高土壤肥力水平。

7.7　研究结论

土地整治工程中底泥质耕作层土壤的构建方法是实现以"底泥"替代"客土"的新方法，该方法以环境学、土壤学及食品安全等理论为基础，从底泥环境及肥力状况调查评价、底泥重金属稳定化修复、底泥改造土壤工程及应用效果监测与评价等方面探讨了土地整治工程中底泥质耕作层土壤构建的基础、内容、设计方法、施工工艺及应用效果。

围绕河流底泥土地利用目标，详细阐述了所调查河流基础参数的选择与获取内容、底泥采样点布设、底泥样品检测分析、底泥环境评价、底泥肥力评价、底泥分类利用，提出了基于底泥土地利用的河流疏浚底泥环境及肥力调查评价方法。

　　对轻微污染底泥采用稳定化修复，参照相关标准开展室内正交模拟试验，提出修复底泥效果好、成本低、易操作的稳定剂最优用量水平、工程工艺、参数，确定修复工程技术方案。

　　依据相关标准，结合项目区实际情况，制定出项目中底泥土地利用技术实施的可行性方案，解决了底泥质耕作层土壤的构建方法途径。

　　大田种植试验表明，稳定剂对底泥重金属具有良好的稳定效果，修复后底泥应用所种植蔬菜重金属含量显著降低，能够达到无公害标准；底泥质耕层土壤适宜开展种植，可提高蔬菜产量、增加土壤有机质含量水平。

第8章 重金属污染底泥修复与资源化利用关键设备及技术

8.1 稳定剂加工设备研制及制备工艺

8.1.1 技术研发背景

重金属污染耕地土壤修复是针对土壤的不良性状和障碍因素，采取相应的物理、化学及生物措施，降低被污染土壤毒性，提高土壤肥力，降低土壤中重金属活性、减少作物中重金属含量、增加作物产量，以及改善人类生存土壤环境的过程。稳定化/钝化修复是一种常见的修复技术，是通过向重金属污染底泥或土壤中加入稳定剂使污染元素的化学赋存形态发生转变，阻止重金属元素在环境中迁移、扩散，从而降低毒害作用，其核心就是稳定剂筛选。无机稳定剂有多种：碱性物质（碳酸钙、氧化钙等）、磷酸盐类（磷酸、磷酸氢二铵、磷酸盐、磷灰石、磷矿石、磷肥以及其他含磷物质，如骨炭等）、黏土矿物类（高岭石、蛭石和海泡石等）、工业副产品类等，无机稳定剂具有成本低、效率高等优点，常常作为重金属污染土壤稳定化/钝化修复材料。

重金属复合污染土壤通常需应用多组分稳定材料来进行稳定化修复，即复合稳定剂材料。现有的土壤重金属复合稳定剂材料一般是先分别将不同类型的土壤稳定剂进行改性加工及粉碎，分别收集粉碎物料，之后再将各种粉碎物料加入特定的混合设备混合均匀，形成土壤重金属复合稳定剂或材料。常规土壤重金属复合稳定剂其生产工艺复杂、各稳定剂组分相互反应作用强烈、稳定剂组分混合均匀度差、稳定剂组分之间的结合性差、生产过程中会产生不同程度的发生环境污染，进而使得所制备出的土壤重金属复合稳定剂修复效果降低。

8.1.2 设备结构介绍

为解决现有土壤重金属复合稳定剂生产工艺复杂、所生产出稳定剂修复效果低下的问题，研究设计出一种用于生产修复重金属污染土壤的稳定剂加工制备设备。该设备的优点是结构简单、混合加工效率高，简化了复合稳定剂的生产制备工艺，本设备所采用下述具体设计方案：

设备整体构成：本设备由进料机构、进料计量设备、粉碎机构、混合机构和负压除尘机构等关键组件构成；进料机构的出原料口与粉碎机构的接原料口相连通，粉碎机构的出口与混合机构的入口相连通，混合机构上连通有负压除尘机构；混合机构设置有出料口。

设备组装说明：各个组分的固体物料进入进料机构，并经进料机构输送至粉碎机构，经粉碎机构粉碎后进入混合机构混合，混合均匀后通过出料口出料，得到成品土壤重金属复合稳定剂。负压除尘机构用来降低混合机构内部的压力，使经粉碎机构粉碎后的物料能够顺利进入混合机构。进料机构是自动螺杆进料机，进料口设置有自动计量设备；混合机是双螺旋锥形混合机，其包括混合机舱体和上盖，上盖上设置有入口、通气口；混合机舱体的下方设置有出料口；混合机构的通气口与负压除尘机构相连通。负压除尘机构包括连接管，除尘箱；连接管的一端连接混合机构的通气口，另一端连接除尘箱；除尘箱包括集尘室，负压室，隔板，过滤筒；负压室位于集尘室上方，负压室和集尘室利用隔板分隔开，隔板上设置通孔，过滤筒安装在隔板的通孔上、位于负压室内；连接管与集尘室相连通。风机使负压室产生负压，进而通过过滤筒、隔板上的通孔、集尘室、连接管、通气口，在混合机构的混合机舱体内产生负压，使粉碎机构出口的各组分物料顺利的通过混合机构的入口进入混合机舱体内，并在混合机舱体内混合均匀，之后通过出料口出料。由通气口抽入连接管的气体，难免会带有粉尘，带有粉尘的气体经连接管、集尘室，进入过滤筒。过滤筒能够透过气体，并将粉尘留在过滤筒的内壁，大量的粉尘会落入集尘室中。粉碎机构和负压除尘机构分别位于混合机构的相对的两侧；混合机构的入口和通气口分别位于所述上盖的相对的两侧；入口位于粉碎机构所在的一侧，通气口位于所述负压除尘机构所在的一侧。进一步的，混合机舱体的上盖下方设置有第一螺旋搅拌轴和第二螺旋搅拌轴；第一螺旋搅拌轴比第二螺旋搅拌轴短；上盖的入口位于第一螺旋搅拌轴的外侧，位于上盖的边缘；通气口靠近第二螺旋搅拌轴、位于第二螺旋搅拌轴的内侧。进一步的，进料机构还包括料斗、螺杆、电机、计量设备，电机驱动螺杆旋转，将料斗中的物料输送到出原料口；原料通过计量设备称重后由出原料口进入到粉碎机构的接原料口；粉碎机构还包括电机，电机驱动粉碎机构将原料粉碎；粉碎后的原料通过粉碎机构的出口、混合机构的入口进入到混合机构的混合机舱体中；上盖上设置有电机，电机驱动第一螺旋搅拌轴和第二螺旋搅拌轴旋转；负压除尘机构的除尘箱上设置有风机，风机用于使真空室产生负压。进一步的，第一螺旋搅拌轴的长度是第二螺旋搅拌轴长度的 1/3～1/2。进一步的，混合机构的出料口设置有过滤筛。过滤筛优选 100 目筛。

设备动力说明：进料机构中的螺杆进料转速由变频调速装置控制，粉碎机构粉碎后的物料粒度大于等于 100 目，混合机构中的螺旋搅拌轴的转速是 15～30r/min。与现有技术相比，本设备提供的用于生产修复重金属污染土壤的稳定剂设备能够一次性高效混合稳定化剂的原料，集粉碎混合于一体，其优点如下：各个单独组分化学成分变化小、多组分同步粉碎混合使得新加工的稳定剂充分接触与反应，提升了稳定剂的修复效果；多组分同步粉碎、同步密闭一体式混合，使得稳定剂加工损失小。本技术提供的用于生产修复重金属污染土壤的稳定剂的设备具有下述优点：混合机等同于粉碎机的料仓，这一点是已有同类加工设备所不具备的优势。为了粉碎机的气流通畅，在混合机另一端加了负压除尘装置，负压除尘装置可减少出料口处的粉尘，另一个主要的作用是保障粉碎机出料迅速。与双螺旋锥形混合机配套的负压除尘设施也是现有混合机设计中没有的，没有此设施，则粉碎后的物料不会很容易地进入混合机舱体，这也是其他厂家必须将粉碎和混合两步工艺分别进行的原因。

设备结构示意：本设备结构如图 8-1～图 8-5 所示：图 8-1 为用于生产修复重金属污染土壤复合稳定剂的设备的结构示意图；图 8-2 为图 8-1 所示设备中的进料机构、粉碎机构、混合机构的一部分的结构示意图；图 8-3 为图 8-1 所示设备中的混合机构的结构示意图；图 8-4 为图 8-1 所示设备中的负压除尘机构的结构示意图；图 8-5 为利用本设备提供的设备不同加工时间得到的产品效果图。

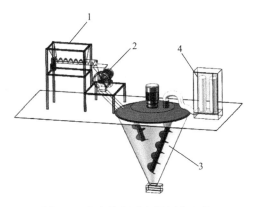

图 8-1　生产修复重金属污染土壤
复合稳定剂设备的结构示意图

1—进料机构；2—粉碎机构；

3—混合机构；4—负压除尘机构

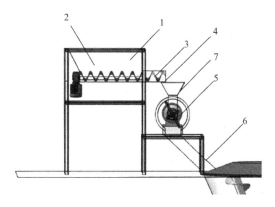

图 8-2　进料机构、粉碎机构、
混合机构的一部分的结构示意图

1—进料机构；2—料斗；3—自动螺杆进料机；

4—计量设备；5—粉碎机构；

6—粉碎机构的出口；7—接原料口

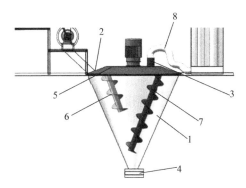

图 8-3　混合机构的结构示意图

1—混合机舱体；2—混合机构的入口；

3—混合机构的通气口；4—混合机构的

出料口；5—混合机构上盖；6—第一螺旋

搅拌轴；7—第二螺旋搅拌轴；8—链接管

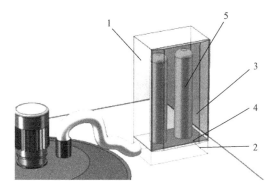

图 8-4　负压除尘机构的结构示意图

1—除尘箱；2—集成室；

3—负压室；4—隔板；

5—过滤筒

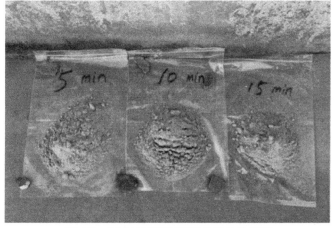

图 8-5　不同加工时间得到的产品效果图

利用本技术设备开展多组分复合稳定剂加工制备时，土壤稳定剂原材料直接粉碎后不需中间停留过程立刻混合完毕，减少了粉碎后过一段时间再进入另一台混合机中混合的过程之中的化学变化时间以及其他污染。该设备结构简单，简化了重金属复合土壤稳定剂的生产工艺；实现了土壤稳定剂从加入原料到成品出料的一步操作。操作工人只需要向设备的进料机构中加入原料，并在设备的出料口收集成品，节省了收集粉碎后的物料，再将粉碎后的物料加入混合机的操作步骤。

8.1.3　设备的图式装配说明

为了详细说明该设备装置的装配，本研究配合图式开展详细说明如下：

如图 8-1～图 8-4 所示，本设备包括进料机构、粉碎机构、混合机构和负压除尘机构；所述进料机构的出原料口与粉碎机构的接原料口相连通，所述粉碎机构的出口与混合机构的入口相连通，所述混合机构上连通有负压除尘机构；所述混合机构设置有出料口；进一步的，所述进料机构是自动螺杆进料机，所述出原料口设置有计量设备；所述混合机是双螺旋锥形混合机。进一步的，所述混合机构包括混合机舱体和上盖，上盖上设置有入口、通气口；混合机舱体的下方设置有出料口；所述混合机构的通气口与负压除尘机构相连通。进一步的，所述负压除尘机构包括连接管，除尘箱；所述连接管的一端连接混合机构的通气口，另一端连接除尘箱。所述连接管是软管。进一步的，所述除尘箱包括集尘室、负压室、隔板、过滤筒；所述负压室位于集尘室上方，所述负压室和集尘室利用隔板分隔开，隔板上设置通孔，所述过滤筒安装在隔板的通孔上、位于负压室内；所述连接管与集尘室相连通。

风机使负压室产生负压，进而通过过滤筒、隔板上的通孔、集尘室、连接管、通气口，在混合机构的混合机舱体内产生负压，使粉碎机构出口的物料顺利的通过混合机构的入口进入混合机舱体内，并在混合机舱体内混合均匀，之后通过出料口出料。

由通气口抽入连接管的气体，难免会带有粉尘，带有粉尘的气体经连接管、集尘室，进入过滤筒。过滤筒能够透过气体，并将粉尘留在过滤筒的内壁，大量的粉尘会落入集尘室中。进一步的，所述粉碎机构和负压除尘机构分别位于所述混合机构的相对的两侧；所述混合机构的入口和通气口分别位于所述上盖的相对的两侧；所述入口位于粉碎机构所在的一侧，所述通气口位于负压除尘机构所在的一侧。进一步的，所述混合机舱体的上盖下方设置有第一螺旋搅拌轴和第二螺旋搅拌轴；所述第一螺旋搅拌轴比第二螺旋搅拌轴短；所述上盖的入口位于第一螺旋搅拌轴的外侧，位于上盖的边缘；所述通气口靠近第二螺旋搅拌轴、位于第二螺旋搅拌轴的内侧。进一步的，所述进料机构还包括料斗、螺杆、电机、计量设备，所述电机驱动螺杆旋转，将料斗中的物料输送到出原料口；原料通过计量设备称重后由出原料口进入到粉碎机构的接原料口；所述粉碎机构还包括电机，电机驱动粉碎机构将原料粉碎；粉碎后的原料通过粉碎机构的出口、混合机构的入口进入到混合机构的混合机舱体中；所述上盖上设置有电机，所述电机驱动第一螺旋搅拌轴和第二螺旋搅拌轴旋转；所述负压除尘机构的除尘箱上设置有风机，风机用于使真空室产生负压。进一步的，所述第一螺旋搅拌轴的长度是第二螺旋搅拌轴长度的 1/3。所述出料口处设置目过滤筛。未通过过滤筛出料的混合物料重新再从进料机构进料。

为了寻找该设备复合稳定剂最佳加工时间，在相同物料的基础上，对该设备运行5min 出料的产品，运行 10min 出料的产品，运行 15min 出粒的产品，进行综合评价。由

图 8-5 可以看出，使用本技术提供的设备运行 10min 即可达到较好的粉碎、混合搅拌的效果，得到合格的稳定剂。

8.1.4 稳定剂加工案例

针对通常设备加工和制备稳定剂中存在的如下问题：（1）常规加工制备工艺是先破碎，后混合的模式，其经济成本非常高，加工 1t 稳定剂约 2200 元/t；（2）稳定剂加工效率低，生产 1t 稳定剂需要 3h；（3）稳定剂加工损耗率达到 5%～10%，主要体现在稳定剂的水分损失和各加工环节物料的遗撒及灰尘等损耗，也加大了稳定剂加工的造价成本；（4）进料的自动计量，通常采用人工计量，不利于稳定剂加工效率提高。基于上述问题考虑，本次稳定剂加工制备设备研究过程中侧重从加工的工艺角度进行优化、自动化控制、连续加工等方面重点研制了稳定剂加工专用设备，主要改进内容包括：稳定剂进料的自动化计量、破碎混合一体化模式及封闭式加工，这样既提高了稳定剂加工效率，也降低了稳定剂损耗，总体达到降低稳定剂加工成本的目的。本次新研制的稳定剂加工设备进行小试试验，具体研究开发如图 8-6、图 8-7 所示。

图 8-6 2014 年稳定剂加工图　　　　图 8-7 2015 年稳定剂加工图

2015 年所开展的批量稳定剂加工过程中主要应用了新研制的稳定剂加工设备，实现了边破碎边混合的稳定剂制备模式。结合 2014 年批量稳定剂加工已有的各类参数和 2015 年中试批量稳定剂加工试验数据比对分析，主要获得以下主要技术成果：（1）工艺流程的改进：自动化计量进料→破碎混合（三维模式）→出料装袋的一体化模式（前端稳定剂原料到后端稳定剂成品）；（2）技术参数：粉碎后物料的粒度大于等于 100 目，混合机构中螺旋搅拌轴的转速是 15～30r/min，从原料投加到成品时间为 5～10min，经测算每批次加工 1t 稳定剂所需时间实现了降低，生产效率从原来的 1t/3h 提高到现在的 2t/h；损耗降低，经测算生产 1t 稳定剂损耗率从原来的 5%～10% 降低到现在 2%～3%，主要是水分损耗；（3）经济指标：经过测算原来加工稳定剂的成本（包括包装等）为 2000 元/t 降为现在的 1000 元/t。总的来说，该专用加工设备的研制，优化了稳定剂的加工工艺、提升了稳定剂的质量、提高了稳定剂的加工效率，降低了稳定剂的加工成本等目的。

8.2 污染底泥修复剂投加设备研制

8.2.1 技术开发背景

本研发装备应用在土地整治及土壤修复等领域，涉及一种重金属污染土壤或底泥原位修复剂投加系统。目前,在重金属污染土壤原位修复剂投加装备方面缺少相关技术和成熟的装备,在耕地污染土壤原位修复工程应用中稳定剂的投加通常使用人工或常规的农机肥料投加设备,该方式具有效率低下、施工成本高、投加量无法精准控制、稳定剂投加不均匀、工作不连续、土壤修复效果差、药剂浪费、施工受天气环境影响大等问题。针对以上不足或存在的技术、专用设备问题,研制出一种新型重金属污染土壤原位修复剂投加设备。

8.2.2 修复剂投加设备结构

1. 要解决的关键技术问题

本项目所研制的一种重金属污染土壤原位修复剂投加设备,首先可解决现有稳定剂投加模式存在的劳动强度大、工作效率低下、施工不连续、稳定剂投加不均匀、稳定剂浪费较多等实际工程问题,其次可实现稳定剂投加量精确控制的问题,再次修复剂投加设备车架在外力作用下向前移动的过程中,驱动轮和支撑轮也随之滚动,驱动轮通过传动件驱动投加辊转动,储料斗中液态或粉料药剂进入投加盒内后,在投加辊的主动拨动下到达投加盒的底部,然后通过撒料通口撒向地面,整个过程通过机械化撒料,避免了稳定剂投加不均匀和浪费严重的现象。

2. 设备结构说明

本设备包括车架、驱动轮、支撑轮、投加盒、投加辊及储料斗,驱动轮和支撑轮分别设置在车架的前侧和后侧,投加盒设置在车架上,投加辊设置在投加盒内,投加辊的辊轴端伸出投加盒,且通过传动件与驱动轮的轮轴连接,储料斗设置在投加盒顶部,投加盒的底部具有撒料通口。投加辊的圆周面上具有凸出的锯齿部分,储料斗包括上下相连接的料斗部分和矩形通道部分,矩形通道部分的侧壁穿设有抽拉式的计量控制板,投加盒上部为半圆形结构或矩形结构,投加盒下部为矩形结构,撒料通口密布在投加盒底部,投加盒的底部为铁丝网,传动件为传动皮带,车架上还连接有手推把手。

该设备具体结构及参数如图 8-8 所示。

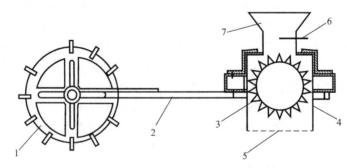

图 8-8 重金属污染土壤原位修复剂投加设备的侧视结构示意图

1—驱动轮;2—车架;3—投加辊;4—投加盒;5—丝网;6—计量控制板;7—储料斗

3. 工作原理介绍

该设备的工作原理是车架在外力作用下向前移动的过程中,驱动轮和支撑轮也随之滚动,驱动轮通过传动件驱动投加辊转动,储料斗中液态或粉料药剂进入投加盒内后,在投加辊的主动拨动下到达投加盒的底部,然后通过撒料通口撒向地面,其中支撑轮支撑在车架的设置投加辊 3 的部位，整个过程通过机械化撒料，人力劳动强度小、工作效率高，且工作不连续，避免了稳定剂投加不均匀和浪费严重的现象。投加辊的圆周面上具有凸出的锯齿部分（凸栅部分），锯齿部分高 0.4cm，通过凸出的锯齿部分的设置可保证稳定剂在投加辊转动时准确可靠的运输。另外，为了避免投加辊转动时与投加盒有干涉，将投加辊和投加盒内壁之间的距离设置为 0.5～0.8cm。储料斗包括上下相连接的料斗部分和矩形通道部分；料斗部分长为 1m，料斗部分顶部宽 0.3m，底部宽 0.1m，高为 0.5m；矩形通道部分长 1m，宽 0.1m。矩形通道部分的侧壁穿设有抽拉式的计量控制板，通过对计量控制板的抽拉，可以调节通过矩形通道部分的药剂量，从而可解决现有稳定剂投加量无法精确控制的问题。投加盒上部为半圆形结构或矩形结构；投加盒下部为矩形结构，投加盒下部的长为 1m，宽为 0.25m。撒料通口密布在投加盒底部，从而可进一步提高稳定剂投放的均匀度，例如，投加盒 4 的底部优选为丝网，具体为铁丝网，网格大小为 100 目，以确保药剂投加均匀，且拆装方便。一般地，车架上还连接有手推把手，通过手推把手推动车架移动行走。

综上所述，尝试研制的重金属污染土壤原位修复剂投加设备中，驱动轮通过传动皮带驱动投加辊转动，储料斗中粉状稳定剂进入投加盒内后，在投加辊的主动拨动下到达投加盒的底部，然后通过撒料通口撒向地面，整个过程通过机械化撒料，投加修复稳定剂时就不再需要人工进行手施撒药，人力劳动强度小、大面积的均匀投加、连续作业，可避免了稳定剂投加不均匀、无效损耗浪费及施工成本高的问题。

8.3　原位稳定化修复重金属污染底泥的方法

8.3.1　修复技术简述

本方法提供一种原位稳定化修复重金属污染底泥的方法，将稳定剂按照修复设计用量均匀施撒在待修复重金属污染底泥表面，进行 3 次干湿交替旋耕混合，达到修复重金属污染土壤的目的。本方法适合于在农田或底泥重金属污染稳定化修复的治理中应用，稳定剂施撒工艺简单易行、成本低、修复时间短、修复效果显著等特点，经过本工艺修复的农田重金属污染土壤或底泥可以直接使用，稳定后土壤所种植的蔬菜等农产品可食用部分重金属含量符合国家相关食品安全标准，如图 8-9 所示。

图 8-9　稳定化修复过程

8.3.2　技术背景说明

2014 年国土资源部生态环境部联合发布的《全国土壤污染状况调查公报》数据表明，我国表层土壤中无机物含量增加比较显著。根据调查，无机物主要以镉、汞、砷、铜、铅、铬、锌、镍等重金属为主。根据普查结果，污染类型最多的是无机物，特别是重金属污染。据调查结果，镉、汞、砷、铜、铅、铬、锌、镍 8 种重金属为主的无机物的超标点位，占了全部超标点位的 82.8％，其中镉污染高达 7％。土壤中镉的含量在我国西南地区和沿海地区增幅超过 50％，在华北、东北和西部地区增加 10％～40％。全国土壤总的点位超标率为 16.1％，其中轻微、轻度、中度和重度污染点位比例分别为 11.2％、2.3％、1.5％和 1.1％。超标率最高的是耕地，达到了 19.4％，其余林地、草地和未利用地的超标率分别为 10％、10.4％和 11.4％。

农田重金属污染土壤修复技术的研究起步于 20 世纪 70 年代后期，国外在农田土壤修复方面积累了丰富的修复技术与工程应用经验。我国的农田污染土壤修复技术研究起步较晚，近 15 年来才得到重视，其研发水平和应用经验都与发达国家存在相当大的差距。目前，农田重金属污染土壤修复主要包括植物修复技术、微生物修复技术、淋洗技术、电动修复技术、稳定化/钝化技术及农艺调控等措施。上述技术中，稳定化/钝化修复是一项简单、快捷、效果好、成本低的重金属修复技术。

8.3.3　稳定化修复工艺

本修复方法是针对现有农田或底泥重金属污染原位修复技术的不足，尤其是稳定剂投加方法及稳定化模式等方面存在的不足，提供一种原位修复重金属污染土壤的方法。为实现本方法预期的修复效果，其修复工艺提出将稳定剂施撒在待修复重金属污染土壤或底泥表面，进行至少 3 次干湿交替与旋耕混合。

针对镉铅污染，本方法中所使用的稳定剂为过磷酸钙、钙镁磷肥和氧化镁按 5：4：1 的重量比干式混合加工而成的粉末状混合物。当待修复土壤或底泥中的重金属 Cd 含量为 3～15mg/kg、Pb 含量为 300～900mg/kg 时，稳定剂用量为土壤或底泥重量的 2.5％～3％。优选使用卧式旋耕机进行旋耕混合，旋耕深度与待修复农田土壤污染程度、稳定设计剂用量等有密切相关，一般而言旋耕的深度设计在 25～30cm。

该修复方法主要实施步骤概况如下：(1) 使用卧式旋耕机对施用稳定剂的土壤全面进行旋耕混合一次，使稳定剂和重金属污染土壤充分混合接触。(2) 第一次旋耕混合后及时浇水，使上、下层土壤含水率达到 35％±5％。(3) 待土壤含水率降至 15％左右，对土壤进行第二次旋耕混合，及时浇水，使上、下层土壤含水率达到 30％±5％。(4) 待土壤含水率降低至 10％±5％，对土壤进行第三次旋耕混合，及时浇水，使上、下层土壤含水率再次达到 35％±5％，土地休耕 10～20d（优选 15d）后即可开展农业正常种植。其中，步骤 (1) 中人工施撒稳定剂于待修复重金属污染农田土壤表面，稳定剂用量按照修复设计使用，稳定剂施撒要均匀，田块不留死角。人工施撒稳定剂要避开雨天、大风天气，以免稳定剂有不必要的流失和失效。步骤 (2) 中第一次旋耕混合后及时用喷灌浇水（第一次浇水），使上、下层土壤含水率达到 35％±5％，达到稳定剂和重金属发生化学反应所需适宜水分条件。本修复方法适合于在农田重金属土壤稳定化修复的治理中应用。稳定剂施撒工艺简单易行、成本低、土壤重金属稳定时间短、土壤重金属稳定效果显著，经过本工艺修复的土壤可直接使用，稳定后土壤所种植的蔬菜作物重金属含量符合国家标准。

图 8-10 为修复方法在应用实施中待修复污染农田稳定剂施加旋耕混合效果；其中 (a) 为稳定剂施加后效果，(b) 为旋耕混合 1 次效果，(c) 为旋耕混合 2 次效果，(d) 为旋耕混合 3 次效果，旋耕混合次数对于修复效果具有显著的影响。

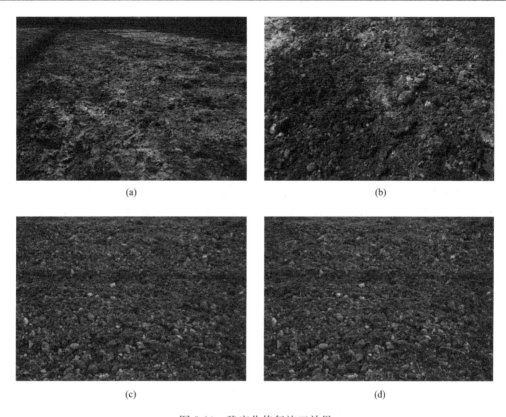

图 8-10 稳定化修复施工效果

8.3.4 稳定化修复应用效果

2013 年 12 月，在海南省海口市龙华区新坡镇下寺村铅锌矿重金属污染农田土地进行试验，本试验所修复农田的土壤污染状况见表 8-1。对照《土壤环境质量　农用地土壤污染风险管控标准（试行）》（GB 15618—2018），本试验供试土壤 A 区域为无污染土壤；B 区、C 区为超过风险筛选值和管制值污染，通过种植空心菜来表征或验证原位稳定化修复效果。

表 8-1

供试试验土壤背景值参数

试验小区编号	试验土壤污染类型及程度	Cd(mg/kg)	Pb(mg/kg)	pH
A 区	自然农田土壤（无污染）	0.45	38.76	5.8
B 区	低浓度污染（Cd、Pb 污染农田）	2.59	206.42	6.1
C 区	高浓度污染（Cd、Pb 污染农田）	19.61	804.69	6.0

本应用案例中提供的方法包括以下关键步骤：（1）使用卧式旋耕机对施用稳定剂的土壤全面进行旋耕混合一次，使稳定剂和重金属污染土壤充分混合接触；旋耕深度控制在 25～30cm。（2）第一次旋耕混合后及时浇水，使上、下层土壤含水率达到 35％左右。（3）待土壤含水率降至 15％左右，对土壤进行第二次旋耕混合，及时浇水，使上、下层土壤含水率达到 30％左右；旋耕深度控制在 25～30cm。（4）待土壤含水率降低至 10％左右，对土壤进行第三次旋耕混合（旋耕深度控制在 25～30cm），及时浇水，使上、下层土壤含水率再次达到 35％左右，土地休耕 15d 后即可开展农业正常种植。

1. 不同混合模式对土壤 pH 的差异性比较分析

从表 8-1 可看出，必须经过 3 次旋耕混合后才能使试验稳定剂和待修复土壤达到充分均匀混合效果；通过对不同次数旋耕后土壤 0～15cm、15～30cm 土壤的 pH 进行取样分析，得到当旋耕旋耕 3 次后 0～15cm、15～30cm 土壤 pH 数据一致，充分说明达到了混合均匀的效果。

2. 低浓度污染土壤下不同混合模式对稳定效果的影响分析

本试验对重金属低浓度土壤 B 区施用，使用稳定剂用量为 1.5%，设置 A 为自然无污染农田土壤处理，B0 为低浓度污染土壤（不添加稳定剂）处理，B1 低浓度污染土壤（施加稳定剂 1.5%，旋耕 2 次）处理、B2 低浓度污染土壤（施加稳定剂 1.5%，旋耕 3 次）处理等共计设置 4 个小区，具体见表 8-2。同时布置好试验，同时种植空心菜，同时采集空心菜样品进行蔬菜样品采集，同批次进行鲜蔬菜样品（空心菜可食用部分）重金属检测分析。

低浓度 Pb、Cd 复合污染土壤旋耕次数对稳定效果影响（单位：mg/kg）　　表 8-2

小区编号	供试土壤	稳定剂投加量	旋耕混合次数	蔬菜 Cd 含量	蔬菜 Pb 含量
A	自然农田土壤	对照，不添加	旋耕 1 次	0.1228	0.2438
B0	低浓度污染土壤	小对照，不添加	旋耕 1 次	0.3353	1.0273
B1	低浓度污染土壤	施稳定剂 1.5%	旋耕 2 次	0.1531	0.8304
B2	低浓度污染土壤	施稳定剂 1.5%	旋耕 3 次	0.1205	0.2935

从表 8-2 可以看出，不同处理土壤条件下，空心菜重金属含量差异较大；以 A 处理蔬菜为大对照区域，B0、B1、B2 处理蔬菜 Cd 含量分别比 A 处理提高了 1.73 倍、0.25 倍、0 倍；B0、B1、B2 处理蔬菜 Pb 含量分别比 A 处理提高了 3.21 倍、2.41 倍、0.2 倍，说明了农田重金属污染后会增加所种植蔬菜重金属含量；施加稳定剂对土壤重金属具有显著的稳定效果，相比较 B0、B1、B2 三组处理而言，B1、B2 处理要比 B0 处理中的重金属绝对含量降低，说明该稳定剂对土壤中重金属稳定化具有效果；相比较 B1、B2 处理而言，稳定剂应用中混合旋耕次数对稳定剂效果的发挥具有较大的影响，能够加快稳定剂与土壤重金属接触发生稳定化反应速度，以上数据表明在施加稳定剂后旋耕次数达到 3 次稳定效果较佳，蔬菜样品中重金属含量能够达到《食品安全国家标准　食品中污染物限量》GB 2762—2017 的标准。

3. 高浓度污染土壤下不同混合模式对稳定效果的影响分析

本试验对重金属低浓度土壤 C 区施用，使用稳定剂用量为 2.5%，设置 A 为自然无污染农田土壤处理，C0 为高浓度污染土壤（不添加稳定剂）处理、C1 低浓度污染土壤（施加稳定剂 2.5%，旋耕 2 次）处理、C2 低浓度污染土壤（施加稳定剂 2.5%，旋耕 3 次）处理等共计设置 4 个小区，具体见表 8-3。同时布置好试验、同时种植空心菜、同时采集空心菜样品进行蔬菜样品采集、同批次进行鲜蔬菜样品（空心菜可食用部分）重金属检测分析。

高浓度 Pb、Cd 复合污染土壤旋耕次数对稳定效果影响（单位：mg/kg）　　表 8-3

小区编号	供试土壤	稳定剂	旋耕次数	蔬菜 Cd 含量	蔬菜 Pb 含量
A	自然农田土壤	对照，不添加	旋耕 1 次	0.1228	0.2438
C0	高浓度污染土壤	小对照，不添加	旋耕 1 次	0.6734	1.9715
C1	高浓度污染土壤	施稳定剂 1.5%	旋耕 2 次	0.3629	0.9600
C2	高浓度污染土壤	施稳定剂 1.5%	旋耕 3 次	0.2000	0.2999

从表 8-3 可以看出，不同处理土壤条件下，空心菜重金属含量差异较大；以 A 处理蔬菜为大对照区域，C0、C1、C2 处理蔬菜 Cd 含量分别比 A 处理提高了 4.48 倍、1.95 倍、0.63 倍；B0、B1、B2 处理蔬菜 Pb 含量分别比 A 处理提高了 7.1 倍、2.93 倍、0.23 倍，说明了农田重金属污染后会增加所种植蔬菜重金属含量，结合表 2 数据还可知随着土壤重金属浓度增加，蔬菜重金属含量也呈现增加的趋势；施加稳定剂对土壤重金属具有显著的稳定效果，相比较 C0、C1、C2 三组处理而言，C1、C2 处理要比 C0 处理中的重金属绝对含量降低，说明该稳定剂对土壤中重金属稳定化具有效果；相比较 C1、C2 处理而言，稳定剂应用中混合旋耕次数对稳定剂效果的发挥具有较大的影响，能够加快稳定剂与土壤重金属接触发生稳定化反应速度，数据表明在施加稳定剂后旋耕次数达到 3 次稳定效果较佳，蔬菜样品中重金属含量能够达到《食品安全国家标准　食品中污染物限量》GB 2762—2017 的标准。

8.4　一种检验固态物料混合均匀程度的方法

8.4.1　固态物料混合均匀度测定技术进展

固态物料混合就是指 2 种及以上的固态物料在外力作用下，使物料相互分散而达到一定均匀程度的操作，应用范围广泛，成熟测定技术较多。如药品生产过程中总混就是让药品的有效成分能均匀分布到辅料内，满足相关生产质量要求；农业生产中经常需要将肥料施入耕地中，实现肥料与土壤混合，以满足农田作物种植需求，其混合均匀程度在一定程度上影响着后期肥效发挥和农作物生长。目前，土壤底泥修复领域工程应用中针对土壤底泥及修复剂的混合均匀度测定仍然依靠人工肉眼或人工经验判断，存在评定误差大、修复效果不佳等问题。急需开发一种能快速判断土壤底泥修复中固态物料施工混合均匀程度的方法，用以判断修复工程中混合物的混合均匀程度，并依此制定科学的混合工序参数。

8.4.2　检测方法的开发原理及过程

本方法借鉴了植被覆盖度近景摄影测量法，近景摄影测量法利用电荷耦合器件（Charge Coupled Device，CCD）成像，获取植被覆盖数码照片，并通过设定红、绿、蓝三原色（RGB）阈值来提取照片上的植被像素点，照片上的植被像素点数占照片总像素点数的百分比即为植被覆盖度，可通过开发软件程序进行自动运算分析，此方法能对地表植被盖度进行客观准确、快速高效的测定。本研究开创性地将近景摄影测量植被覆盖度的方法借鉴到土壤修复混合程度判断中，形成了一种针对土壤底泥固态物料混合均匀程度的快速准确检测方法。

本方法提供的一种针对土壤底泥固态物料混合均匀程度的快速准确检测方法，包括如下主要步骤：（1）将不同颜色的各种待混合的固态物料按照设定的模式进行混合，得到混合物料。其中不同颜色应为反差较大的几种颜色，如选择红色、蓝色、黄色、黑色中的几种，不同颜色可为物料本身颜色或通过自动喷漆染色获得的颜色，便于在实际操作中进行混合物料颜色识别区分。（2）对混合物料取样或选定范围，用数码相机拍照得到混合物料数码照片，使用图像处理软件对混合物料数码照片进行色彩选择，得出不同颜色像素值比例。其中图像处理软件为各种能进行色彩选择得出不同颜色像素值比例的图像处理软件，优选 photoshop；各种待混合的固态物料为土壤和/或肥料，混合方法为在平面上铺开模拟耕作方式，从上而下垂直拍摄数码照片。（3）数码照片上不同颜色像素值比例与固态物料原始比例越接近的混合均匀程度越高。

8.4.3　混合模式选择效果分析

在某土地整理重大工程中涉及土壤修复过程，其中需要将农田土、底泥和河沙按不同比例进行混合成为新的人造土壤。相关研究表明目前关于土壤混合均匀度方面缺乏可靠统一的方法和标准。本试验选用不同颜色的自动喷漆对供试的底泥、河沙和农田土外部全部染色，喷漆吸附性好。将染色后的底泥、河沙及农田土进行混合材料铺撒覆盖，覆盖的顺序是底部为农田土、中部铺设底泥、最上部铺设河沙。根据设计的耕作模式进行混合搅拌，最后采用数码相机拍照，再利用图像处理软件 photoshop 对数码照片进行色彩处理，分析出不同颜色所占像素比例。在此存在一个假设，混合后混合基质俯视图中各混合材料的面积比能够代表混合均匀程度。并与初始混合比例进行对照，根据计算得出的各混合材料的接受区域，最终得出混合较为均匀的耕作模式。

本次模拟试验方案设计接近现实工程应用，设计两组混合实验方案：一组为针对底泥农业土地利用方向的土壤物料配比模式，需要用到农田土、底泥和沙土 3 种材料；一组为针对园林绿化方向的土壤物料配比模式，需要用到底泥和沙土 2 种材料。将三种土壤材料分别装在透明的聚氯乙烯袋中，使用自动喷漆进行染色，将底泥染为红色，将农田土染为蓝色，将河沙染为黄色，如图 8-11 所示。

图 8-11　自动喷漆染色后的底泥、农田土、河沙照片

基于底泥农业土地利用方向的土壤配置模式按照底泥：农田土：河沙＝3：5：2 的比例进行铺设混合搅拌，铺设时首先为农田土，后为河沙和底泥；基于园林绿化方向的土壤配比按照底泥：河沙＝2：1 的比例进行铺设混合耕作，铺设时首先铺设沙土，后为底泥。根据不同的耕作模式，每组实验布置 5 个处理，设置重复。基于底泥农业土地利用方向的土壤的混合材料用量见表 8-4，基于园林绿化方向的土壤混合材料用量见表 8-5。

基于底泥农业土地利用方向的土壤配比混合实验 3 种混合材料用量   表 8-4

质量比例	3	2	5
材料	底泥（g）	河沙（g）	农田土（g）
处理-1	88	59	147
处理-2	88	59	147
处理-3	88	59	147
处理-4	88	59	147
处理-5	88	59	147

基于园林绿化方向的土壤配比混合实验 2 种混合材料用量   表 8-5

质量比例	2	1
材料	底泥（g）	河沙（g）
处理-1	180	90
处理-2	180	90
处理-3	180	90
处理-4	180	90
处理-5	110	55

铺设区域为长方形，长度 25～35cm，宽度 15～25cm，设计 5 种耕作模式分别为：(1) →←；(2) →↓；(3) →→←←；(4) →←↑↓；(5) →↑←↓。备注：箭头表示耕作方向，→、←表示平行长边进行向右、向左模拟耕作，↑↓表示垂直长边进行向上、向下模拟耕作。

模拟混合处理完毕后（图 8-12），使用单反相机（佳能 EOS 400D）对每个处理进行拍照，在电脑上用 photoshop 数码照片进行色彩处理，具体利用"色彩范围"功能，根据三种颜色所占像素分析红蓝黄分布情况，选择颜色分布最为均匀的模式，具体步骤为将拍摄的照片用 PS 打开，在工具栏里点击选择（S）功能，在下拉菜单中点击色彩范围（C），打开对话框。根据经验，颜色容差选择 80，然后在图像中取样一种材料的颜色，选择完之后，软件自动选择出该颜色区域，打开直方图信息，选择扩展视图查看所选颜色区域的像素值。

图 8-12 实施例 1 中 5 种耕作模式处理后的混合土壤照片

农业土地利用方向的土壤配比混合实验结果表明，按照农田土∶底泥∶河沙＝5∶3∶2 的比例混合，通过土壤密度（底泥密度＝0.9102g/cm³，农田土密度＝1.2817g/cm³，河沙密度＝1.3831g/cm³）换算成体积，并将总面积视为 1。混合实验照片见图 8-13，photoshop 颜色处理过程见图 8-14（分步取 3 种颜色，每种颜色取 1-2 次，取净为止），photoshop 色彩处理像素结果见表 8-6、表 8-7、图 8-15。

基于农业土地利用方向的土壤通过照片处理各混合材料所占像素（单位：PPI）　表 8-6

模式	模式 1	模式 2	模式 3	模式 4	模式 5	原比例（%）
红-底泥	46370	53949	70451	33939	47113	3.296
蓝-农田土	20638	23243	31690	32523	45071	3.901
黄-河沙	33911	19712	8240	15049	9771	1.446

基于农业土地利用方向的土壤各混合材料所占面积比例（单位：PPI）　表 8-7

模式	模式 1	模式 2	模式 3	模式 4	模式 5	原比例（%）
红-底泥	0.459	0.557	0.638	0.416	0.462	0.381
蓝-农田土	0.205	0.240	0.287	0.399	0.442	0.451
黄-河沙	0.336	0.203	0.075	0.185	0.096	0.167

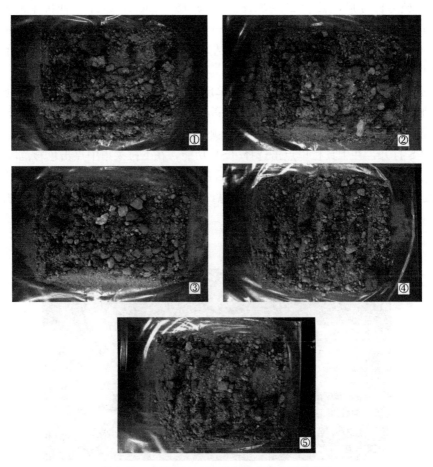

图 8-13　土壤配比 5 种耕作模式混合后的照片

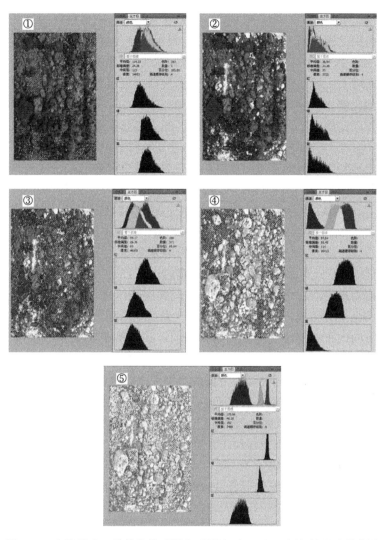

图 8-14　土壤配比 5 种耕作模式混合后照片 photoshop 颜色处理过程截图

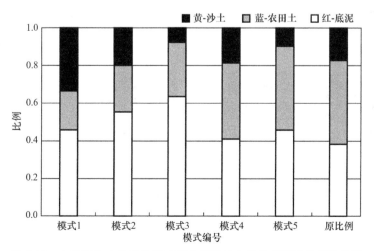

图 8-15　土壤配比 5 种耕作模式混合后照片色彩处理像素比例柱状图

综合来看模式 1、模式 2 和模式 3 耕作方式较为简单，细颗粒状的河沙随着搅拌的复杂程度的增大面积比逐渐减少，铺设最底层的农田土则受耕作方式影响不大，比例分别为：0.205、0.240 和 0.287。铺设于中层且大颗粒状的底泥则会随着耕作方式的复杂程度增大面积比逐渐增大。但在模式 4 和模式 5 中该规律表现出弱化现象，并且三种混合材料的比例趋于原始比例。

根据经验，原比例（B）上下浮动 10％的区间为接受区域（Q），即：

$$B \times (1 - 10\%) \leqslant Q \leqslant B \times (1 + 10\%) \tag{8-1}$$

基于农业土地利用方向的基质配比试验混合后各混合材料的接受区域（Q）为：

$$0.381 \times (1 - 10\%) \leqslant Q_{底泥} \leqslant 0.381 \times (1 + 10\%) \tag{8-2}$$

$$0.451 \times (1 - 10\%) \leqslant Q_{农田土} \leqslant 0.451 \times (1 + 10\%) \tag{8-3}$$

$$0.167 \times (1 - 10\%) \leqslant Q_{河沙} \leqslant 0.167 \times (1 + 10\%) \tag{8-4}$$

基于式（8-2）～式（8-4）可知，每个基质原料配置用量分别为：$0.343 \leqslant Q_{底泥} \leqslant 0.419$、$0.406 \leqslant Q_{农田土} \leqslant 0.496$、$0.150 \leqslant Q_{河沙} \leqslant 0.184$。

根据计算所得出的混合之后各混合材料比例的接受区域，并与配比原始比例相比较，仅模式 4 较为满足接受区域，是一种适合底泥、农田土和河沙的混合耕作模式。

园林绿化方向的土壤配比混合实验结果表明，实验按照底泥∶河沙＝2∶1 的比例混合，通过土壤密度（底泥密度＝0.9102g/cm³，河沙密度＝1.3831g/cm³），换算成体积比，并将总面积视为 1。基于园林绿化方向的土壤配比混合实验照片见图 8-16，photoshop 颜色处理过程见图 8-17（分步取 2 种颜色，每种颜色取 1～2 次，取净为止），photoshop 色彩处理像素结果见表 8-8、表 8-9、图 8-18。

根据经验，原比例（B）上下浮动 10％的区间为接受区域（Q），即：

$$B \times (1 - 10\%) \leqslant Q \leqslant B \times (1 + 10\%) \tag{8-5}$$

基于园林绿化方向的土壤配比混合试验混合后各材料的接受区域（Q）为：

$$0.752 \times (1 - 10\%) \leqslant Q_{底泥} \leqslant 0.752 \times (1 + 10\%) \tag{8-6}$$

$$0.248 \times (1 - 10\%) \leqslant Q_{河沙} \leqslant 0.248 \times (1 + 10\%) \tag{8-7}$$

基于式（8-6）、式（8-7）可知，每个基质原料配置用量分别为：$0.677 \leqslant Q_{底泥} \leqslant 0.827$、$0.223 \leqslant Q_{河沙} \leqslant 0.273$。根据计算所得出的混合之后各混合材料比例的接受区域，并与配比原始比例相比较，模式 1、模式 4 和模式 5 较为适合底泥和河沙混合工程。

图 8-16　园林绿化方向的土壤配比 5 种耕作模式混合后的照片（一）

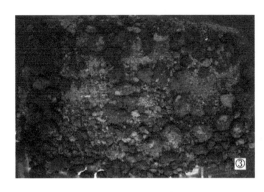

图 8-16　园林绿化方向的土壤配比 5 种耕作模式混合后的照片（二）

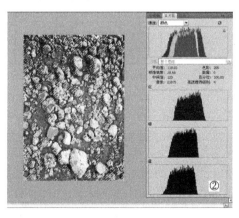

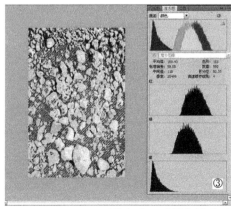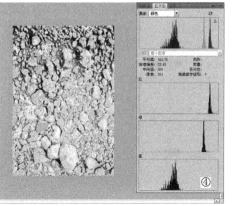

图 8-17　园林绿化 5 种耕作模式混合后照片 photoshop 颜色处理过程截图

园林绿化方向的土壤通过照片处理各混合材料所占像素（单位：PPI）　　**表 8-8**

模式	模式 1	模式 2	模式 3	模式 4	模式 5	原比例（%）
红-底泥	82446	104172	101071	77357	78214	2.197
黄-河沙	25850	19041	17436	16791	19575	0.723

园林绿化方向的土壤各混合材料所占面积比例（单位：PPI）　　**表 8-9**

模式	模式 1	模式 2	模式 3	模式 4	模式 5	原比例（%）
红-底泥	0.761	0.845	0.853	0.822	0.800	0.752
黄-河沙	0.239	0.155	0.147	0.178	0.200	0.248

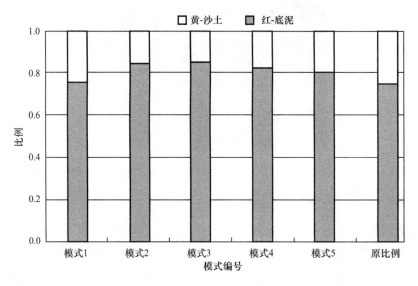

图 8-18　土壤配比 5 种耕作模式混合后照片色彩处理像素比例柱状图

综上所述，本方法可以在纵向拍摄玻璃容器中混合物料的混合情况，见图 8-19 和图 8-20，拍摄后参照上面的方法处理得当各物料混合程度，该方法除在土壤混合中使用外，也可在别的不同颜色物料混合中使用，如检验药品的有效成分总混程度。

图 8-19　玻璃容器内待混不同颜色土壤照片　　　图 8-20　玻璃容器内不同颜色土壤混合后的照片

8.5 以重金属污染底泥于石质粗砂地表构建耕作层土壤的方法

8.5.1 技术研发需求分析

土地整治是对低效利用、不合理利用、未利用以及生产建设活动和自然灾害损毁的土地进行整治，提高土地利用效率的活动；也是盘活存量土地、强化节约集约用地、适时补充耕地和提升土地产能的重要手段。其中土地整治工程中对耕作层土壤的要求特别的高，即通过整治后耕地质量比整治前耕地质量提高至少一个等级。具体指标就是整治土层厚度为15～20cm以上，养分齐全，有机质丰富，团粒结构好，土壤环境好，适宜进行长期耕作。在现阶段的土地整治工程中，耕作层土壤的来源主要有以下几个模式：（1）剥离表土层回填；（2）开发建设项目客土回填；（3）在现有耕作层土壤中施加肥料改良等三种主要的耕作层土壤来源模式，但是上述模式都是基于在整治工程中土壤资源较丰富的地区可实现，且部分模式受土壤运距的原因导致经济技术成本较高而不可实现。

石漠化是指在热带、亚热带湿润、半湿润气候条件和岩溶极其发育的自然背景下，受人为活动干扰，使地表植被遭受破坏，导致土壤严重流失，基岩大面积裸露或砾石堆积的土地退化现象，也是岩溶地区土地退化的极端形式，石漠化的后果就是该地区的土地资源丧失。在石漠化区土地整治工程中解决耕作层土壤的问题是非常重要，缺少土壤也是限制石漠化区土地整治工程快速推进的主要经济技术因素。

8.5.2 关键步骤

针对现有的石漠化地区土壤整治技术上的不足、底泥农业资源化利用技术的不足，本方法在于提供一种以重金属污染底泥于石质地表构建耕作层土壤的方法，其关键步骤如下：（1）将待整治石漠化地地表的石块进行破碎，平整地面。石块地表进行破碎的标准为破碎后石块粒径≤5cm，平整地面的标准为坡度比≤3∶1000。（2）将河沙均匀平铺于破碎平整后的石质地面上。河沙的粒径≥0.02mm，河沙平铺的厚度为30～35cm，该层河沙部分作为耕作层土壤的基部垫层、另一部分作为土壤混合层。（3）将重金属污染底泥平铺于步骤（2）所述的河沙上。重金属污染底泥为重金属污染河道底泥或重金属污染湖泊底泥，重金属污染底泥平铺的厚度为18～24cm，优选20cm。（4）将稳定剂撒于步骤（3）所述重金属污染底泥上；稳定剂材料为重金属处理稳定剂，优选为包括以下重量份成分的稳定剂：钙镁磷肥5份，氧化钙5份，轻烧白云石1～3份。稳定剂的使用量为：每100重量份底泥用稳定剂0.6～0.9重量份，优选每100重量份底泥用稳定剂0.75重量份。（5）在完成步骤（4）的地面上进行第一次旋耕，第一次旋耕的深度为20cm。（6）干湿交替处理15d，暴晒7d，进行第二次旋耕，旋耕方向和第二次相反；待旋耕后底泥、河沙、稳定剂的混合物质量含水率自然脱水降低到25%～30%，进行第三次旋耕，旋耕方向与第二次垂直；干湿交替处理15d，为喷水一次使底泥湿润后晾晒5d，反复进行3次，共15d；第二次旋耕的深度为25cm；第三次旋耕的深度为30cm；每次旋耕方式均为呈螺旋状前进旋耕。（7）第三次旋耕后种植豆科绿肥1茬，豆科绿肥，优选柱花草、扁豆、田菁中的一种或几种；绿肥株高达到30～35cm时进行第四次旋耕将绿肥还田，旋耕深度为30cm，2个

月后得到耕作层土壤。本方法还提供以重金属污染底泥于石漠化地表构建耕作层土壤方法
得到的耕作层土壤在农作物种植中的应用。

8.5.3　技术特点

本方法以重金属复合污染河道底泥为处理对象，采用钙镁磷肥、氧化钙、轻烧白云石
为重金属稳定剂，以河沙、还田绿肥为理化性质改良剂，处理过的底泥重金属稳定效果
好，可浸出成分减少，难于作物吸收。同时理化性质改良效果明显，具有良好的增产效
果。为受污染河道底泥的资源化处置提供了出路，为石漠化区土地整治工程中耕作层土壤
的构建提出了新的方法，同时成为我国底泥资源化处置、土地整治工程中耕作层土壤构建
的互相补充与有机结合。

本方法第一次旋耕的深度为 20cm，确保底泥和稳定剂初步混合与接触；干湿交替处
理 15d，暴晒 7d 后第二次旋耕，深度为 25cm，旋耕方向与第一次反向，确保底泥、稳定
剂及部分河沙充分混合；底泥、河沙、稳定剂的混合物质量含水率降低到 25%～30% 时进
行第三次旋耕，旋耕方向与第二次旋耕垂直，深度为 30cm，确保底泥和河沙按设计比例
（体积 2∶1）进行混合，使得所构建的耕作层土壤厚度符合土地整治的要求。本发明是通
过现场底泥的铺设厚度和旋耕深度来实现底泥和河沙的用量及底泥和河沙混合比例，具有
实际的生产价值和意义。通过前三次旋耕土体沉降稳定后，该土壤 45cm 厚从上到下 0～
25cm 为耕作层土壤；25～35cm 为过渡层（犁底层）；35～45cm 河沙垫层（母质层），使
得该土壤剖面垂直结构合理。本方法处理后得到的耕作层土壤底泥颗粒直径≤3cm，底泥
及河沙混合均匀。

从重金属赋存形态和农作物吸收的角度，通过重金属的浸出试验、蔬菜种植大田试
验，旱作作物大田试验等方面证明了处理后底泥中的重金属有良好的稳定效果，防止了底
泥在农业资源化利用中的二次污染问题和食品安全问题。从底泥构建耕作层土壤后土壤的
酸碱度调节试验、土壤肥力改良及增产试验、土壤机械组成调节试验等方面证明了底泥构
建耕作层土壤可整体提高土壤质量效果，为底泥在农业资源化中的进一步利用打下了良好
的基础。

经实际测试，本发明所述方法处理后的底泥，重金属 Cr、Cu、Zn 和 Cd 的稳定化效
果明显，种植的空心菜、柿子椒两种蔬菜作物及旱作作物毛豆中的重金属含量均低于最新
发布的《食品安全国家标准　食品中污染物限量》GB 2762—2017 中规定的的相关限值。

8.5.4　案例应用效果

2012 年 11 月，在海南省海口市龙华区新坡镇下寺村，将待整治石漠化地地表的石块
进行破碎，平整地面。石块进行破碎的标准为破碎后石块粒径≤5cm，平整地面的标准为
坡度比≤3∶1000。将来自于海口市南渡江新坡镇河段的河沙（粒径≥0.02mm）按照设计
厚度 35cm 均匀平铺于经过平整处理过的石漠化地块上，接着将疏浚出的海口市新坡镇某
河塘中的底泥进行自然脱水铺平自然晾干脱水后均匀平铺于河沙上面，底泥铺设厚度为
20cm。均匀施撒稳定剂到上述重金属污染底泥上，所述稳定剂包括钙镁磷肥、氧化钙、轻
烧白云石，三者对应的质量比例为 5∶5∶2，每 100 重量份底泥用稳定剂 0.75 重量份。

在撒了稳定剂的地面上用旋耕机（东方红 1GQN-125 旋耕机，中国一拖集团有限公

司，后面的旋耕所用机器相同）进行第一次旋耕；干湿交替处理 15d，暴晒 7d，进行第二次旋耕，旋耕方向和第二次相反；待旋耕后底泥、河沙、稳定剂的混合物质量含水率自然降低到 25%～30%，进行第三次旋耕，旋耕方向与第二次垂直；第三次旋耕后种植豆科绿肥 1 茬，种植绿肥为柱花草，长到株高 30cm 后进行第四次旋耕将绿肥还田，2 个月后得到耕作层土壤。所述干湿交替处理 15d，为喷水一次使底泥湿润后晾晒 5d，反复进行 3次，共 15d。所述第一次旋耕的深度为 20cm；第二次旋耕的深度为 25cm；第三次旋耕的深度为 30cm；第四次旋耕的深度为 30cm；4 次的旋耕方式均为呈螺旋状前进旋耕。

第四次旋耕后 2 个月，使用 EPA《Toxicity Characteristic Leaching Procedure (TCLP)》（Method-1311）进行测定，同时设置 0.3%石灰＋0.3%钙镁磷肥做稳定剂（100 重量份底泥加 0.3 重量份石灰和 0.3 重量份钙镁磷肥）作为对比。

所述方法处理后的底泥，TCLP 浸出浓度明显减少。其中，Cr 元素的浸出浓度比未稳定组减少了 36.30%，相对于石灰钙镁磷肥处理组减少了 56.53%；Cu 元素的浸出浓度比未稳定组减少了 69.92%，相对于石灰钙镁磷肥处理组减少了 44.21%；Zn 元素的浸出浓度比未稳定组减少了 28.05%，相对于石灰钙镁磷肥处理组减少了 26.04%；Cd 元素的浸出浓度比未稳定组减少了 31.34%，相对于石灰钙镁磷肥处理组减少了 28.02%；浸出液中 Pb、As、Hg 元素的浓度均低于检出限。结果具体见表 8-10，重金属浸出减少，稳定效果明显。

稳定前后底泥 TCLP 浸出液中重金属浓度（单位：μg/L）　　　　　表 8-10

处理名称	Cr	Cu	Zn	Cd	Pb	As	Hg
未稳定	3.03	10.805	147.69	4.34	<1.00	<0.15	<0.15
石灰＋钙镁磷肥	4.44	5.825	143.69	4.04	<1.00	<0.15	<0.15
本方法稳定剂	1.93	3.25	106.27	2.98	<1.00	<0.15	<0.15

在按照上述步骤实施得到的底泥质耕作层土壤上，按常规方法种植空心菜（分别产自泰国高达种子有限公司和北京金土地农业技术研究所）、旱作物毛豆。同时以设置 0.3%石灰＋0.3%钙镁磷肥做稳定剂稳定的试验耕作层土壤、铺有未稳定底泥的耕作层土壤作为对比。作物生长过程中记录生理指标和生长指标，收获时记录产量，并对空心菜及毛豆进行重金属含量检测，见表 8-11。

稳定前后底泥种植蔬菜中的重金属含量（单位：mg/kg）　　　　　表 8-11

蔬菜品种	处理	Cr	Cu	Cd	Pb	As
空心菜	未稳定	0.1093	4.14	0.0505	0.135	0.0283
	石灰＋钙镁磷肥	0.2892	0.4211	0.0185	<0.005	<0.010
	本方法稳定剂	0.1011	0.3217	0.0155	<0.005	<0.010
毛豆	未稳定	0.0966	2.4918	0.0073	<0.005	<0.010
	石灰＋钙镁磷肥	0.0757	1.6612	0.0039	<0.005	<0.010
	本方法稳定剂	0.0745	1.4645	0.0064	<0.005	<0.010

经过稳定化处理后，空心菜中的重金属，Cr 元素含量比未稳定组减少了 7.5%，相对于石灰钙镁磷肥处理减少了 65.04%；Cu 元素含量比未稳定组减少了 92.22%，相对于石灰钙镁磷肥处理组减少了 23.60%；Cd 元素含量比未稳定组减少了 69.31%，相对于石灰

钙镁磷肥处理组减小了 16.22％；Pb 元素含量未稳定组表示检测出一点，但是本发明稳定剂处理和石灰钙镁磷肥处理含量则低于方法检出限；As 元素含量都低于方法检出限。

经过稳定化处理后，毛豆（可食用部分）的重金属，Pb、As 元素各个处理都低于方法检出限；Cr 元素含量比未稳定组减少了 29.66％，相对于石灰钙镁磷肥处理组减小了 2％；Cu 元素含量比未稳定组减少了 70.15％，相对于石灰钙镁磷肥处理组减小了 13.43％；Cd 元素含量比未稳定组减少了 14.06％，相对于石灰钙镁磷肥处理组增加了 39.06％。

不同种植期稳定前后耕作层土壤酸碱度　　　　　　　　　　　表 8-12

蔬菜品种	处理	第一茬	第二茬	第三茬
空心菜	未稳定	6.04	5.89	6.22
	石灰＋钙镁磷肥	7.35	7.24	7.32
	本方法稳定剂	7.66	7.52	7.46

从表 8-12 大田试验土壤 pH 不同种植时段的变化数据看出，首先底泥和河沙混合物没有进行任何稳定处理，其土壤 pH 处理酸性状态，不利于底泥中重金属的稳定化处理，植物容易吸收土壤中的重金属。同时，酸性土壤不利于土壤发肥力发挥与增产。在施加稳定剂后，可以调节土壤的酸碱度，使试验区所构建的酸性耕作层土壤调节为中性偏碱，既可以增加作物的产量，土壤在碱性条件下对重金属的稳定起较好的作用。本方法稳定剂处理 pH 在不同种植期间都高于对照组和石灰钙镁磷肥组，有利于在酸雨环境下土壤的 pH 维持碱性状态，利于重金属稳定效果的发挥。

不同稳定处理耕作层土壤机械组成调节效果（单位：％）　　　表 8-13

蔬菜品种	处理	黏粒＜0.002mm	粉（砂）粒 0.002～0.02mm	砂粒＞0.02mm	土壤质地
空心菜	自然农田	2.00	18.00	80.00	
	石灰＋钙镁磷肥	10.00	20.00	70.00	砂质壤土
	本方法稳定剂	10.00	30.00	60.00	

从表 8-13 大田试验土壤机械组成调节数据看出，应用该发明技术可以使得所构建的耕作层土壤的机械组成具有较大的调节效果，使得所构建的土壤颗粒结构有非常明显的改善效果。以自然农田土为对照，该技术可使得黏粒含量提升近 5 倍，粉粒含量也较对照能够提高，砂粒含量降低，这对于土壤结构有较大的影响，尤其是通过绿肥的生物改良措施，可以使得所构建的土壤不易出现板结的情况。

不同稳定处理耕作层土壤肥力调节效果（单位：％）　　　　　表 8-14

蔬菜品种	处理	有机质	全氮	全磷	全钾
空心菜 （泰国）	自然农田	0.443	0.163	0.081	1.20
	石灰＋钙镁磷肥	0.836	0.472	0.231	1.31
	本方法稳定剂	1.338	0.838	0.342	1.33

从表 8-14 大田土壤肥力监测试验数据可知，本发明处理后的土壤有机质较自然农田及其他处理的土壤有较大的增加，增加的幅度在 40％以上；全氮含量处理增加效果非常明

显，本比自然农田及石灰钙镁磷肥组处理分别增加了5.14倍、2.89倍，该发明技术对肥力调节效果显著，体现为较好的生产应用价值。

8.6　修复后土壤沉降监测装置及方法

8.6.1　技术背景分析

本技术应用土地整治工程领域，常规的土壤沉降监测装置主要包括一个监测桩和桩上的一些刻度，这样的土壤监测装置受人工耕作层土体的不均匀沉降影响较大、所监测的土体沉降是点状土体、沉降数据受人为随机性影响较大，导致所监测土体沉降数据具有不准确、精度差、监测面小、代表性不强等现象，不能及时、精准、全面的对人工耕作层土壤的沉降状况得到有效的沉降数据监测。因此，针对以上不足，需要提供一种耕作层土壤沉降监测装置及方法。

8.6.2　监测装置结构

要解决的技术问题：本专用装置重点要解决的技术问题是解决现有人工耕作层土壤沉降装置难以准确地、快速地、三维面状式的监测的问题。

监测装置结构介绍：为了解决上述技术问题，本装置提供了一种耕作层土壤沉降监测装置包括底盘、沉降盘和多个刻度柱，底盘放置在待检测区地表且设置有安装孔，多个刻度柱插设在底盘的安装孔中，底盘上面放置待检测土壤耕作层，刻度柱上开设有刻度线，沉降盘上开设有与所述安装孔相对应的配合孔，沉降盘通过所述配合孔套入所述刻度柱且与所述土壤耕作层的顶面贴合。刻度柱、安装孔及配合孔的数目均为三个，底盘为等边三角形底盘，三个所述安装孔依次连线构成等边三角形。等边三角形铁盘的厚度为5mm，等边三角形的边长为30mm，安装孔的孔径为5mm。刻度柱长度为35mm，直径为4.9mm。刻度柱的刻度值范围为0～30cm，刻度柱的刻度精度为0.5mm，土壤耕作层的底面与0cm刻度值相应的刻度线相平。沉降盘为铁质圆环，铁质圆环厚度为0.4mm，3个配合孔的孔径为7mm，整体设备见示意图8-21～图8-24。

监测装置安装步骤：本方法提供了一种针对耕作层土壤沉降监测装置进行土壤耕作层沉降监测的方法，其包括以下步骤：S1：将底盘水平放置在待检测区地表上；S2：将3个刻度柱插入在所述底盘的多个安装孔中；S3：将待检测的人工耕作层土壤按照土地整治工程设计的厚度回填在底盘上形成土壤耕作层，使待检测土壤的表面平整；S4：将沉降盘套入所述刻度柱上，使沉降盘与待检测土壤表面紧贴并使所述沉降盘保持水平，沉降盘上的配合孔与刻度柱间隙配合，同时记录每个刻度柱的初始刻度；S5：在特定时间段对3个刻度柱上的刻度数值进行记录，将监测数据取平均值，S4中记录的刻度柱的初始刻度与平均值相减即为该时段内土体的自然沉降数。土壤耕作层的底面与0cm刻度值相应的刻度线相齐平，在步骤S5中，将监测数据取平均值，即为所述待检测土壤的自然厚度。

8.6.3　专用装置特点

本方法提供的耕作层土壤沉降监测装置及方法中，待检测土壤耕作层位于底盘、沉降盘之间，经过一定时间，土壤耕作层沉降，沉降盘同时沿刻度柱下降，根据刻度柱可获得沉降盘下降高度，也即土壤耕作层的沉降值，由于在底盘的三个安装孔中插入三个相应的刻度柱，沉降盘通过配合孔套在刻度柱上也有三个点的限位，形成一个面，不会偏斜，从而可通过同时监测三个点状土体沉降的平均数来获取一个立体面状土体沉降数据，监测结果具有准确性和代表性，精度高，可以对土壤耕作层的土壤沉降做出有效的监测，并且可很快获得沉降数据，该监测装置结构简单，操作方便，制造成本低。

8.6.4　应用方法及案例

如图 8-21～图 8-24 所示，本方法提供的耕作层土壤沉降监测装置包括底盘、沉降盘和多个刻度柱，底盘放置在待检测区地表且设置有安装孔，3 个刻度柱插设在底盘的安装孔中，底盘上面放置待检测土壤耕作层，刻度柱上开设有刻度线，沉降盘上开设有与安装孔相对应的配合孔，沉降盘通过配合孔套入刻度柱且与土壤耕作层的顶面贴合，当然，沉降盘可沿刻度柱上下自动活动。

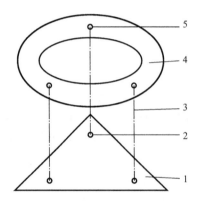

图 8-21　耕作层土壤沉降监测装置的结构示意图
1—底盘；2—安装孔；3—刻度柱；
4—沉降盘；5—配合孔

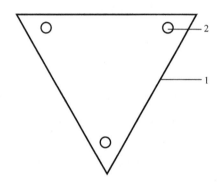

图 8-22　耕作层土壤沉降监测装置
中底盘结构示意图
1—底盘；2—安装孔

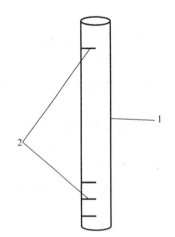

图 8-23　耕作层土壤沉降监测装置
中刻度柱的结构示意图
1—刻度柱；2—刻度线

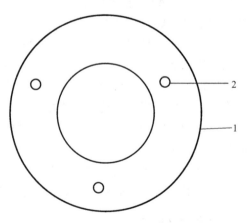

图 8-24　耕作层土壤沉降监测装置
中沉降盘的结构示意图
1—沉降盘；2—配合孔

上述技术方案中，待检测土壤耕作层位于底盘、沉降盘之间，经过一定时间，土壤耕作层沉降，沉降盘同时沿刻度柱下降，根据刻度柱可获得沉降盘下降高度，也即土壤耕作层的沉降值，由于在底盘的 3 个安装孔中插入 3 个相应的刻度柱，沉降盘通过配合孔套在刻度柱上也有 3 个点的限位，形成 1 个面，不会偏斜，也就是说，可通过同时监测三个点状土体沉降的平均数来获取 1 个立体面状土体沉降数据，监测结果具有准确性和代表性，精度高，可以对土壤耕作层的土壤沉降做出有效的监测。

底盘为等边三角形底盘，等边三角形底盘的水平面靠近三角处设置三个圆形垂直的安装孔，圆形垂直安装孔孔径为 5mm，且 3 个圆形垂直安装孔的圆心的连线形成等边三角形，优选等边三角形的边长为 30cm，等边三角形底盘为铁质底盘，等边三角形底盘的厚度为 5mm；其中，等边三角形的结构更稳固。刻度柱为圆柱体铁棒，优选圆柱体铁棒的长度为 35mm，底面直径为 4.9mm，且在圆柱体铁棒的侧面刻有刻度，刻度范围为 0～30cm，最小刻度为 0.5mm，刻度从 0cm 开始，从圆柱体铁棒的底端依次往上排序。上载式沉降盘上也设有 3 个圆形垂直配合孔，且上载式沉降盘 3 上的 3 个配合孔与三角形底盘 1 上的 3 个安装孔相对应，上载式沉降盘为 3 铁质圆环，铁质圆环厚度为 3mm，上载式沉降盘从刻度柱的上方套入，优选圆形垂直配合孔的孔径为 7mm，以确保上载式沉降盘可以从刻度柱的上方套入。上述实施例中，整个监测装置中等边三角形底盘、垂直刻度柱、上载式沉降盘三部分之间都可拆和组装，使用方便快捷。

8.7 关键设备及技术研究结论

本章节主要是从河湖底泥污染修复及土壤资源化利用的关键设备和应用等技术方法等内容进行系统研究，主要成果概况如下：（1）介绍了一体化的稳定剂加工设备和稳定剂加工运行工艺参数；（2）主要介绍了重金属污染土壤原位稳定化修复稳定剂投加设备及其使用方法；（3）提出了原位稳定化修复剂的投加设备及方法；（4）介绍了原位稳定化修复药剂和土壤混合搅拌的均匀度检测方法；（5）介绍了河湖污泥在石质粗砂地表构建耕作层土壤的方法；（6）介绍了修复后土壤沉降监测设备及方法。

第9章 底泥质耕作层土壤蔬菜种植应用效果

9.1 研究背景

原环保部和国土资源部 2014 年 4 月份联合发布的《全国土壤污染状况调查公报》指出，我国耕地土壤环境质量堪忧。公报显示，我国耕地土壤点位污染物超标率为 19.4%，其中轻微、轻度、中度和重度污染点位比例分别为 13.7%、2.8%、1.8% 和 1.1%，主要污染物为镉、镍、铜、砷、汞、铅、滴滴涕和多环芳烃，其中镉污染情况相当严重。2016年 5 月国家制定的《土壤污染防治行动计划》中指出：实施农用地分类管理，保障农业生产环境安全；开展污染治理与修复，改善区域土壤环境质量；2017 年国家启动全国土壤详查工作，说明国家对重金属污染土壤的修复越来越重视。

9.1.1 镉污染修复机理

作物吸收镉，主要取决于镉在土壤中的赋存形态，赋存形态主要包括可交换态、碳酸盐结合态、铁锰氧化物结合态、有机结合态和残渣态等五种，其中可交换态易于被植物直接吸收。不同形态之间的镉可相互转化，受多种因素影响，如何降低土壤中镉可交换态含量，减小镉在土壤中的迁移，进而减少作物的吸收利用，是镉污染土壤治理关键问题。

原位稳定化修复，就是通过向污染土壤中添加不同外源稳定剂材料，改变重金属在土壤中的化学形态和赋存状态，达到降低重金属迁移性和生物有效性的一种重要方法。农地镉污染土壤稳定化修复材料不同于常规的镉污染场地修复材料，农地镉稳定化修复材料应该具有如下三方面的特征：(1) 生态性，应用该修复材料对于农地农作物的生长不能产生负面影响，对土壤生态不能产生影响，经修复后需确保农地正常种植功能；(2) 功能性，所选择修复材料能够实现对修复土壤重金属的污染控制，所修复土壤种植的作物食品能够达标；(3) 经济性，所选择修复材料在应用时能够经济上具有可行性，投出产出比合理。

9.1.2 底泥生态修复技术进展

底泥对重金属等污染物的富集作用，直接利用容易造成土壤污染，限制了疏浚底泥的农业土壤资源化利用。无害化处理可以减少重金属潜在污染风险，降低底泥利用的生态风险。土壤中的重金属可以通过食物链进入人体，对人体健康产生潜在的威胁。作物对重金属的吸收量，主要取决于其在土壤中的总量和赋存形态，如何使土壤中重金属的有效态向潜在有效态或无效态转化，进而减少植物的吸收利用，是重金属污染土壤原位稳定化修复技术的关键问题。

本研究选取海南省海口市南渡江某轻微镉污染河塘底泥土地利用后的农田土壤为研究对象，开展大田试验，研究并探讨石灰+钙镁磷肥、海泡石+磷酸二氢钙和钙镁磷肥 3 种稳定剂修复材料对土壤进行稳定化处理的效果，以及稳定化处理后种植空心菜、苦瓜、柿子椒和长豆角 4 种蔬菜对土壤中重金属的吸收和富集特征。以期为轻微污染底泥土地利用筛选出适宜的稳定化材料和适宜的安全种植蔬菜品种，并为底泥在农业土壤利用后蔬菜安全生产中品种的选择提供理论依据和技术支持。

9.2 试验内容及设计

9.2.1 试验内容

本研究是对镉污染底泥开展不同稳定剂材料的修复效果开展大田试验验证，并对典型蔬菜品种安全种植进行试验分析，具体内容如下：（1）底泥土地利用的土壤改良效果分析；（2）通过大田试验，研究 4 种稳定剂（石灰、海泡石、钙镁磷肥和磷酸二氢钙）对底泥中镉的长期稳定效果及稳定时间、多茬种植空心菜可食用部分中镉的含量变化；（3）蔬菜中镉的食品环境安全评价研究。

9.2.2 大田试验设计

试验示范大田 2012 年 12 月布设于海南省海口市龙华区新坡镇下市村。示范区大田试验处理的步骤为：平整土地，划分不同稳定剂的大区，铺撒稳定剂，旋耕混匀，稳定老化，划分种植不同蔬菜的小区，施用底肥，平整分垄，育苗种植。图 9-1 中的（a）为旋耕机平整土地，（b）为铺撒稳定剂后的效果，（c）为旋耕机混匀土壤和稳定剂，（d）为划分小区，（e）为平整分垄，（f）底肥所用的有机肥。3 个等级的污染农田土所使用的稳定剂种类和用量见表 9-1。

(a)

(b)

(c)

(d)

图 9-1 大田试验（一）

(e)　　　　　　　　　　　　　　　(f)

图 9-1　大田试验（二）

试验稳定剂种类和用量　　　　　　　　　　　　　　表 9-1

污染等级	处理编号	石灰 （kg/m²）	钙镁磷肥 （kg/m²）	海泡石 （kg/m²）	磷酸二氢 （kg/m²）
等级 1	3SD	—	—	—	—
	3LP	0.30	0.30	—	—
	3SP	—	—	0.60	0.30
	3MP	—	0.50	—	—
等级 2	4SD	—	—	—	—
	4LP	0.45	0.45	—	—
	4SP	—	—	0.90	0.45
	4MP	—	0.75	—	—
等级 3	5SD	—	—	—	—
	5LP	0.60	0.60	—	—
	5SP	—	—	1.20	0.60
	5MP	—	1.00	—	—

9.2.3　研究技术路线

本应用大田实验是在当地农业种植经营水平条件下，通过大田试验采用 4 种稳定剂（石灰、海泡石、钙镁磷肥、磷酸二氢钙）；镉污染农田土分为 3 个污染等级；进行多茬空心菜的种植检测，每茬蔬菜可食用部分中镉的含量变化及富集系数分析；重金属相关检测按照国标进行；BCR 连续提取法比较稳定前后土壤镉的形态变化；从土壤物理性质、化学性质及重金属形态变化等方面分析土壤镉限量与蔬菜中镉含量关系。具体研究技术路线见图 9-2。

9.2.4　试验样品采集

土壤样品与农作物收获后与农作物同步采集。由于试验田面积较小、地势平坦、土壤物

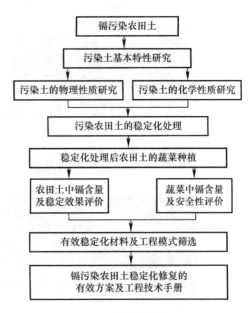

图 9-2　研究技术路线

质和受污染程度较为均匀，故采用梅花点法采样，每个小区设 5 个分点。蔬菜试验地土样每个分点处采 0～20cm 耕作层土壤，每个土壤单元至少由 3 个采样点组成，每个采样点的样品为农田土壤的混合样，各分点混匀后取 1kg，多余部分用四分法弃去。采样时使用不锈钢、木、竹或塑料工具。

采集的土壤样品于风干室中风干，压碎，拣出碎石、砂砾和植物残体。风干后土样于磨样室中使用木棒、有机玻璃棒等再次压碎，拣出杂质，混匀，过 20 目尼龙筛，过筛后充分搅拌混匀既得粗磨样。用于细磨的样品分成两份，一份研磨到全部过 60 目（孔径 0.25mm）尼龙筛，用于农药或土壤有机质、土壤全氮量等项目分析；另一份研磨到全部过 100 目（孔径 0.149mm）尼龙筛，用于土壤元素全量分析。研磨混匀后的样品装于样品袋中，贴标，备用，具体见图 9-3。

(a)　　　　　　　　　　　　　　　　　　　　(b)

图 9-3　土壤样品采集

9.2.5　样品检测及数据分析

1. 样品处理及测试

土壤中 Cr、Cd、Pb、Cu、Zn、Ni 元素全量的前处理按照《土壤环境监测技术规范》HJ/T 166—2004 附录 D 中普通酸分解法进行消解；土壤中 Hg 元素的前处理按照《土壤质量　总汞、总砷、总铅的测定　原子荧光法　第 1 部分：土壤中总汞的测定》GB/T 22105.1—2008 的步骤进行消解；土壤中 As 元素的前处理按照《土壤质量　总汞、总砷、总铅的测定　原子荧光法　第 2 部分：土壤中总砷的测定》GB/T 22105.2—2008 的步骤进行消解。消解液贴标，待测。

土壤中重金属的浸出毒性不仅与重金属的总量有关，还与其赋存的化学形态密切相关。BCR 法是欧共体标准局在 Tessier 分析方法的基础上提出的，研究表明 BCR 法的重现性较好。本文针对稳定前后污染农田土中的 Cd 进行 BCR 连续提取法形态分析。步骤如下：①弱酸提取态：向盛有 0.500g 沉积物的离心管中加入 0.11mol·L^{-1} HAc 溶液 20mL，22℃±5℃下振荡提取 16h。在 3000g 的离心力下离心 20min，从固体滤渣中分离提取物，上层液体待测。②可还原态：向上一步中的残渣加入 0.5mol·L^{-1} 的 NH$_2$OH·HCl 溶液 20mL。振荡、离心，上清液待测。③可氧化态：向上一步中的残渣加入 30% H$_2$O$_2$ 溶液（pH＝2）5mL。室温消化 1h，85℃±2℃水浴消化 1h，蒸发至体积少于 2mL。补加 5mL H$_2$O$_2$，重复上述操作，体积减少到大约 1mL。冷却后加入 1.0mol·L^{-1}

NH₄OAc 溶液 25mL，22℃±5℃下振荡 16h，离心，上清液待测。④残渣态：称取残渣态样品 0.1000g 至聚四氟乙烯坩埚中，水润湿，加入 HCl、HNO₃、HClO₄、HF 分别为 3mL、2mL、1mL、5mL，电热板上加热至 HClO₄ 白烟冒尽；再加入 2% HNO₃ 加热至盐类溶解，取下冷却，2% HNO₃ 定容于 10mL 容量瓶，用于 ICP-MS 测试。

土壤消解液及浸提液中 Cr、Cd、Pb、Cu、Zn、Ni 元素使用美国 Thermo Fisher Scientific 公司的 X Series 2 型电感耦合等离子体质谱仪（ICP-MS）进行检测，As 和 Hg 元素使用北京吉天仪器有限公司的 AFS-820 型原子荧光光度计（AFS）进行检测，具体见图 9-4。

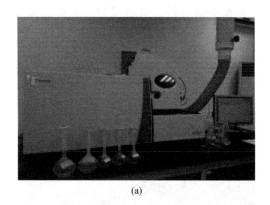
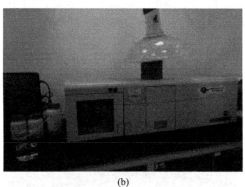

（a）　　　　　　　　　　　　　　　　（b）

图 9-4　电感耦合等离子体质谱仪（a）和原子荧光光度计（b）

2. 数据处理与分析

利用 Microsoft Excel 2010 和 IBM SPSS Statistics 20 统计分析软件进行数据处理，采用 one-way ANOVA 单因素方差分析及多重比较（LSD）方法进行数据分析，差异显著水平为 0.05 及 0.01。

9.3　供试土壤背景值分析

本次大田供试土壤污染程度分为三个等级：等级 1、等级 2 和等级 3。理化性质及重金属含量数据见表 9-2，调查结果表明三个污染等级的土壤中只有 Cd 含量超标。等级 1 土壤的 Cd 含量接近标准限值，等级 2 土壤的 Cd 含量超标 1.5 倍，等级 3 土壤的 Cd 含量超标 2.23 倍。三个等级土壤中 Cd 元素的 BCR 法形态分析结果见图 9-5，三者 Cd 的弱酸提取态含量均较高，分别为 47.58%、55.22% 和 41.25%。

污染农田土理化性质及重金属含量（单位：mg/kg）　　　表 9-2

编号	pH	质地	有机质（%）	Cr	Ni	Cu	Zn	Cd	Pb	As	Hg
等级 1	5.59	砂土	0.753	28.55	16.43	35.85	33.98	0.33	13.59	1.05	0.06
等级 2	5.64	砂土	0.647	45.25	21.22	41.89	61.24	0.45	28.15	4.58	0.17
等级 3	5.28	砂土	0.921	71.33	30.78	47.25	98.25	0.67	40.11	11.22	0.24
	HJ/T 332—2006 食用农产品产地环境质量评价标准			150	40	50	200	0.3	50	30	0.25

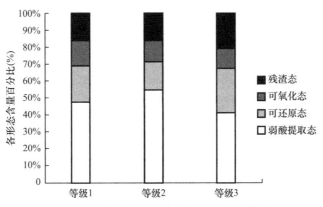

图 9-5 污染农田土 Cd 元素 BCR 形态分析

9.4 土壤改良效果分析

9.4.1 土壤物理特征

1. 密度变化

土壤密度是土壤最基本的物理性状之一，可反映土壤的空隙状况和松紧程度，能够影响植物赖以生存的土壤环境中水、肥、气、热的状况，进而影响植物的生长。从表 9-3 可以看出，经底泥修复种植空心菜 1 年后，土壤密度整体呈现增大的趋势，但是土壤没有出现板结的情况，密度增加的原因主要是该试验田所在区域处于热带区域，受雨季降水溅蚀等影响较大，同时本试验污染土壤是由底泥和河沙构建而成，二者的组合比例直接影响密度。在修复 3 年后底泥土壤的密度逐渐降低，达到合理耕作要求的水平。

试验土壤密度（单位：g/cm³） 表 9-3

样品编号	恢复当年	恢复 1 年后	恢复 3 年后
CK	1.30	1.47	1.29
3SD	1.49	1.58	1.38
3LP	1.47	1.35	1.36
3SP	1.38	1.38	1.35
3MP	1.42	1.45	1.36
4SD	1.23	1.39	1.36
4LP	1.58	1.48	1.38
4SP	1.40	1.56	1.37
4MP	1.28	1.63	1.35
5SD	1.49	1.47	1.37
5LP	1.36	1.59	1.35
5SP	1.49	1.58	1.38
5MP	1.22	1.59	1.34

2. 质地变化

土壤机械组成是研究土壤理化性状最基础数据，它可直接或间接用于研究土壤比表面积、土壤质地、土壤结构、土壤肥力等。由表 9-4 可知，未改良前土壤粗砂（2～0.5mm）的含量为 46.57%，经过底泥改造后土壤中粗砂含（2～0.5mm）、中砂（0.5～0.25mm）含量都不同程度的降低；经改造过土壤的细砂（0.25～0.15mm）、粉砂（0.05～0.002mm）、黏粒（<0.002mm）含量都有不同程度的增加。

土壤机械组成（单位：%）　　　　　　　　　　表 9-4

样品编号	砾石>2mm	粗砂2～0.5mm	中砂0.5～0.25mm	细砂0.25～0.15mm	极细砂0.15～0.05mm	粉砂0.05～0.002mm	黏粒<0.002mm
CK	3.09	46.57	36.77	6.24	5.47	1.41	0.46
3SD	3.21	22.79	39.82	16.92	8.85	6.50	1.91
3LP	4.75	23.67	24.34	22.61	14.78	8.38	1.48
3SP	3.77	20.64	46.23	16.66	8.69	3.19	0.84
3MP	3.95	25.95	35.39	22.89	7.85	3.50	0.48
4SD	3.95	24.58	35.74	15.26	11.77	6.36	2.34
4LP	11.16	19.74	29.31	15.24	13.55	7.90	3.11
4SP	3.37	21.04	34.17	22.14	10.97	6.51	1.80
4MP	3.52	26.37	32.22	15.80	11.79	7.76	2.55
5SD	2.35	20.36	32.41	23.71	13.61	5.42	2.14
5LP	4.05	24.27	26.25	22.10	12.30	8.21	2.82
5SP	1.93	32.63	25.47	15.75	12.12	9.30	2.81
5MP	1.79	27.34	23.38	21.91	14.99	7.52	3.07
底泥	1.83	3.53	3.12	6.73	37.26	31.61	15.91
自然农田	1.52	2.46	4.13	15.04	44.14	21.82	9.97

9.4.2　土壤肥力指标

从表 9-5 可以看出，底泥修复改造后，土壤种植利用 1 年的变化可知，土壤从酸性变为中性及偏碱性，有利于作物种植生长；有机质含量明显增加，运行 1 年后还保持在较高水平。从表 9-6 可以看出，利用底泥改造的土壤中氮、磷、钾等指标都较未改造前有了很大提高，表明了底泥进行土地利用时改良土壤肥力的显著效果；不同稳定剂对土壤肥力的改良具有一定的差异性，尤其是表现为土壤中磷元素的差异，土壤各项肥力指标均体现为显著增加效果。

土壤恢复 1 年后肥力指标变化　　　　　　表 9-5

样地编号	有机质(g/kg)		pH	
	前	后	前	后
CK	6.6	23.7	5.51	5.9
底泥	9.9	22.3	5.57	7.4
3SD	7.9	25.1	5.69	7.5
3LP	7.7	19.4	8.12	7.7
3SP	9.3	21.2	7.89	7.3
3MP	8.8	22.6	7.00	6.7

续表

样地编号	有机质(g/kg)		pH	
	前	后	前	后
4SD	8.7	20.2	5.32	6.4
4LP	11.0	17.8	8.18	8.1
4SP	9.9	21.5	7.70	7.6
4MP	11.1	22.8	7.13	7.7
5SD	9.0	24.5	5.76	7.1
5LP	11.4	24.1	8.22	7.7
5SP	8.8	22.3	7.29	7.7
5MP	11.6	22.6	7.75	8.0

土壤恢复 1 年后肥力指标变化统计 表 9-6

样地编号	全氮(g/kg)		碱解氮(mg/kg)		全磷(g/kg)		速效磷(mg/kg)		全钾(g/kg)		速效钾(mg/kg)	
	前	后	前	后	前	后	前	后	前	后	前	后
CK	0.342	1.605	45.7	113.1	0.350	0.831	54.1	81.3	3.6	6.8	13.8	62.6
底泥	0.507	1.206	46.1	107.5	0.081	0.641	39.4	70.8	7.6	13.4	29.3	87.3
3SD	0.579	1.402	77.7	105.3	0.224	0.903	48.7	103.5	7.9	16.4	139.2	82.8
3LP	0.462	1.052	43.3	86.1	0.535	0.867	79.8	99.7	6.6	12.0	35.0	69.5
3SP	0.484	1.147	43.5	98.5	0.455	0.953	82.0	104.5	7.2	12.6	42.6	72.1
3MP	0.525	1.300	49.4	105.8	0.458	0.772	75.2	75.6	6.5	11.8	96.6	81.1
4SD	0.489	1.139	49.5	91.1	0.279	0.413	34.7	54.1	6.5	13.4	31.0	75.9
4LP	0.632	1.031	40.7	65.8	0.393	0.562	68.8	120.2	7.6	13.1	35.9	63.5
4SP	0.584	1.186	65.4	83.1	0.531	1.072	119.0	187.9	7.5	15.9	27.0	67.4
4MP	0.584	1.308	44.9	94.2	0.349	0.694	53.6	82.4	8.2	14.7	28.1	93.0
5SD	0.527	1.405	44.7	171.9	0.222	0.645	31.6	70.0	6.6	13.7	29.5	56.2
5LP	0.593	1.327	45.2	100.4	0.315	0.818	69.3	98.5	8.4	15.9	23.6	81.4
5SP	0.424	1.223	48.1	94.5	0.397	1.063	58.8	114.2	5.2	14.9	17.6	62.2
5MP	0.691	1.220	57.2	95.7	0.614	0.766	99.3	94.6	7.4	14.7	55.4	82.9

9.5 修复后土壤 pH 及 Cd 形态变化监测

9.5.1 pH 变化

pH 影响着土壤理化性质,尤其是对土壤中重金属的形态影响很大。试验对稳定化处理前后土壤的 pH 的变化以及土壤 pH 随种植时间的变化做了监测,结果见图 9-6~图 9-8。研究结果表明,加入稳定剂能够提高土壤 pH,浓度 1 土壤稳定后 pH 增加百分比分别为 LP-34.15%,MP-19.79%,SP-9.82%;浓度 2 土壤稳定后 pH 增加百分比分别为 LP-28.19%,MP-24.64%,SP-20.93%;浓度 3 土壤稳定后 pH 增加百分比分别为 LP-26.82%,MP-16.72%,SP-19.39%。其中稳定剂为石灰+钙镁磷肥的处理后土壤 pH 增加得最多。pH 的升高有利于改良酸性土壤,利于生产,同时提高 pH 值有利于降低土壤重金属的有效性。

由于试验田所在地降雨为酸雨,降水的 pH 年均值为 5.65,会导致稳定后土壤 pH 变化，所以有必要对稳定后土壤长期的 pH 和重金属含量（有效性）进行监测。结果表明，稳定后土壤的 pH 随着时间的增加，变动中有所降低，但下降幅度较小。其中污染等级 1 的土壤 pH 在 11 月份已降至 6.5 以下，原因是其稳定剂用量最少。

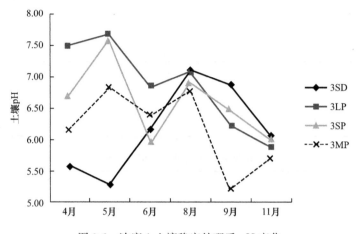

图 9-6　浓度 1 土壤稳定处理后 pH 变化

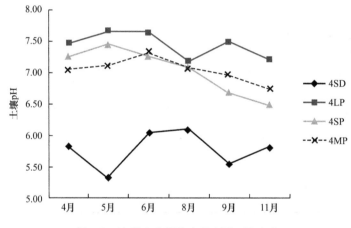

图 9-7　浓度 2 土壤稳定处理后 pH 变化

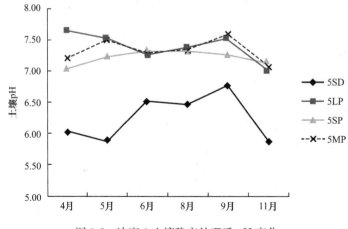

图 9-8　浓度 3 土壤稳定处理后 pH 变化

土壤中大多数 Pb、Cd 和 Zn 的盐类溶解度随着 pH 升高而减小,且土壤胶体对其吸附量随 pH 的升高而增加。pH 会导致土壤中 Cd 等重金属形态分布发生变化,明显减少可交换态含量,降低生物有效性。稳定化处理 30d 后,测试各处理的土壤 pH,结果如图 9-9 所示。可以看出,稳定化处理均提高了土壤的 pH。

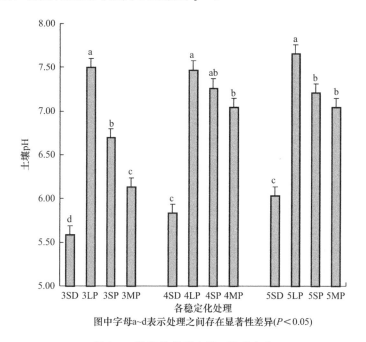

图中字母a~d表示处理之间存在显著性差异($P<0.05$)

图 9-9　稳定化前后土壤 pH 的变化

3 种污染水平下,相对于各自的对照组,土壤 pH 分别提高了 1.91(3LP)、1.11(3SP)、0.55(3MP)、1.64(4LP)、1.44(4SP)、1.22(4MP)、1.62(5LP)、1.17(5SP)、1.01(5MP)。对于不同污染水平的土壤来说,稳定剂对 pH 的影响效果均为 LP>SP>MP。

9.5.2　重金属形态变化

本试验中利用 BCR 顺序提取法来反映稳定化处理前后农田土中 Cd 元素的形态变化,分析结果见图 9-10～图 9-12。

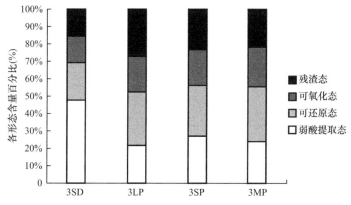

图 9-10　污染等级 1 农田土稳定前后 Cd 元素 BCR 形态分析

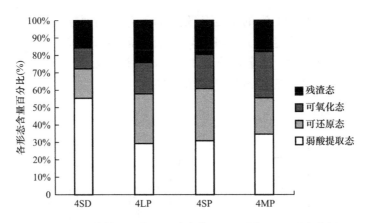

图 9-11　污染等级 2 农田土稳定前后 Cd 元素 BCR 形态分析

污染等级 1 的土壤稳定后，三种稳定剂处理土壤中 Cd 的弱酸提取态含量分别减少了 3LP＝54.43％，3SP＝41.82％，3MP＝49.33％；可还原态含量分别增加了 3LP＝40.36％，3SP＝30.95％，3MP＝45.06％；可氧化态含量分别增加了 3LP＝36.90％，3SP＝37.03％，3MP＝47.59％；残渣态含量分别增加了 3LP＝74.15％，3SP＝48.62％，3MP＝41.63％。处理后的土壤中 Cd 的不稳定形态含量降低，移动性减小，植物可吸收性减小，稳定化效果明显。

污染等级 2 的土壤稳定后，三种稳定剂处理土壤中 Cd 的弱酸提取态含量分别减少了 4LP＝46.56％，4SP＝44.62％，4MP＝38.16％；可还原态含量分别增加了 4LP＝67.18％，4SP＝81.90％，4MP＝32.64％；可氧化态含量分别增加了 4LP＝48.30％，4SP＝58.97％，4MP＝107.43％；残渣态含量分别增加了 4LP＝54.58％，4SP＝25.00％，4MP＝15.28％。处理后的土壤中 Cd 的不稳定形态含量降低，移动性减小，植物可吸收性减小，稳定化效果明显。

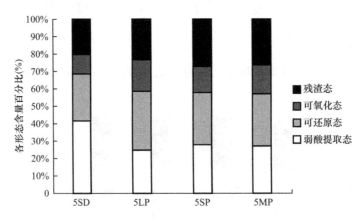

图 9-12　污染等级 3 农田土稳定前后 Cd 元素 BCR 形态分析

污染等级 3 的土壤稳定后，三种稳定剂处理土壤中 Cd 的弱酸提取态含量分别减少了 5LP＝40.95％，5SP＝32.90％，5MP＝33.55％；可还原态含量分别增加了 5LP＝23.86％，5SP＝10.31％，5MP＝8.25％；可氧化态含量分别增加了 5LP＝69.73％，5SP＝40.11％，5MP＝56.64％；残渣态含量分别增加了 5LP＝14.10％，5SP＝30.61％，

5MP＝26.08％。综上，稳定化处理后土壤中的有效态 Cd 向潜在有效态或无效态转化，移动性减小，生物有效性减小，稳定化效果显著。对于不同污染水平的土壤，稳定剂对 Cd 稳定化作用效果大小一致，均依次为 LP＞MP＞SP，即石灰＋钙镁磷肥效果最好、单独使用钙镁磷肥效果其次，海泡石＋磷酸二氢钙次之。

9.6 空心菜种植效果分析

9.6.1 空心菜中重金属富集系数分析

表 9-7 中各处理空心菜 Cd 的富集系数差异显著，未稳定化处理土壤种植空心菜 Cd 的富集系数大于 LP、SP 和 MP 处理空心菜富集系数，LP 处理的效果最好，富集系数小于 SP 和 MP 处理。其他重金属元素的富集系数之间关系不明显。从富集系数说明了稳定化抑制了土壤中重金属向蔬菜作物体内转移，达到污染土壤修复效果；不同富集系数表征了不同稳定剂对重金属治理效果的差异性。

空心菜中重金属的富集系数（第 1 茬）　　　　　表 9-7

处理编号	Cr	Ni	Cu	Zn	Cd	Pb	As	Hg
3SD	0.0057	0.0848	0.2485	0.0462	0.5493	0.0214	0.0284	0.0677
3LP	0.0183	0.0972	0.0297	0.0771	0.1163	0.0000	0.0000	0.2307
3SP	0.0165	0.1233	0.0288	0.0823	0.2774	0.0000	0.0000	0.0738
3MP	0.0289	0.1152	0.0340	0.3523	0.4354	0.0049	0.0000	0.2123
4SD	0.0033	0.0668	0.0716	0.0416	0.5786	0.0098	0.0318	0.1461
4LP	0.0021	0.0508	0.0288	0.0125	0.1859	0.0016	0.0457	0.0669
4SP	0.0039	0.0613	0.0301	0.0213	0.2920	0.0060	0.0503	0.0980
4MP	0.0046	0.0687	0.1456	0.0281	0.2966	0.0184	0.0633	0.0523
5SD	0.0121	0.0756	0.0645	0.1262	0.5880	0.0000	0.0000	0.1347
5LP	0.0101	0.0748	0.0150	0.0436	0.0824	0.0000	0.0000	0.0620
5SP	0.0109	0.0760	0.0302	0.0569	0.1819	0.0081	0.0301	0.0663
5MP	0.0097	0.0780	0.0232	0.0326	0.1571	0.0000	0.0000	0.0545

表 9-8 可知污染等级 1 和 2 土壤中各处理空心菜 Cd 的富集系数差异显著，未稳定化处理土壤种植的空心菜对 Cd 的富集系数均大于 LP、SP 和 MP 处理空心菜的富集系数，等级 3 土壤稳定前后种植的空心菜对 Cd 的富集系数没有明显差异。

空心菜中重金属的富集系数（第 2 茬）　　　　　表 9-8

处理编号	Cr	Ni	Cu	Zn	Cd	Pb	As	Hg
3SD	0.0000	0.3845	0.3761	0.8358	0.0229	0.0145	0.0306	0.0011
3LP	0.0695	0.3950	0.2731	0.6702	0.0051	0.0165	0.0070	0.0010
3SP	0.0029	0.4157	0.2585	0.6986	0.0104	0.0041	0.0067	0.0009
3MP	0.0017	0.3828	0.3528	0.6561	0.0103	0.0036	0.0216	0.0012
4SD	0.0483	0.5498	0.5061	0.9868	0.0595	0.0146	0.0029	0.0011
4LP	0.0026	0.4426	0.3398	0.5677	0.0162	0.0036	0.0355	0.0010

续表

处理编号	Cr	Ni	Cu	Zn	Cd	Pb	As	Hg
4SP	0.0000	0.4317	0.2498	0.5390	0.0229	0.0012	0.0252	0.0009
4MP	0.0000	0.3340	0.2975	0.6911	0.0160	0.0573	0.0385	0.0010
5SD	0.0000	0.4688	0.2724	0.7509	0.0146	0.0025	0.0063	0.0010
5LP	0.0063	0.4934	0.3432	0.5745	0.0224	0.0157	0.0388	0.0011
5SP	0.0026	0.4596	0.2901	0.5517	0.0123	0.0069	0.0413	0.0027
5MP	0.0326	0.4228	0.3656	0.6309	0.0108	0.0139	0.0272	0.0012

表 9-9 可知第 3 茬空心菜，污染等级 2 和 3 土壤中各处理空心菜 Cd 的富集系数差异显著，未稳定化处理土壤种植的空心菜对 Cd 的富集系数均大于 LP、SP 和 MP 处理空心菜的富集系数，等级 1 土壤稳定前后种植的空心菜对 Cd 的富集系数没有明显差异。

空心菜中重金属的富集系数（第 3 茬）　　　　　　表 9-9

处理编号	Cr	Ni	Cu	Zn	Cd	Pb	As	Hg
3SD	0.0019	0.0059	0.0246	0.0405	0.0680	0.0018	0.0756	0.0077
3LP	0.0116	0.0196	0.0650	0.0445	0.1055	0.0029	0.0112	0.0000
3SP	0.0014	0.0053	0.0366	0.0595	0.1038	0.0009	0.0009	0.0266
3MP	0.0009	0.0055	0.0327	0.0834	0.0829	0.0002	0.0025	0.0152
4SD	0.0086	0.0132	0.0712	0.0576	0.4663	0.0037	0.0057	0.0000
4LP	0.0192	0.0149	0.0426	0.0215	0.1454	0.0019	0.0145	0.0330
4SP	0.0028	0.0072	0.0197	0.0222	0.1356	0.0005	0.0114	0.0000
4MP	0.0008	0.0023	0.0196	0.0266	0.1683	0.0000	0.0156	0.0426
5SD	0.0013	0.0040	0.0249	0.0428	0.1589	0.0001	0.0026	0.0500
5LP	0.0009	0.0027	0.0207	0.0227	0.1288	0.0000	0.0122	0.0371
5SP	0.0035	0.0056	0.0184	0.0267	0.0856	0.0005	0.0404	0.0066
5MP	0.0006	0.0026	0.0158	0.0334	0.0978	0.0000	0.0209	0.0008

空心菜中重金属的富集系数（第 4 茬）　　　　　　表 9-10

处理编号	Cr	Ni	Cu	Zn	Cd	Pb	As	Hg
3SD	0.0056	0.0080	0.1144	0.0669	0.0513	0.0040	0.0188	0.0081
3LP	0.0021	0.0032	0.0374	0.0649	0.0928	0.0000	0.0000	0.0064
3SP	0.0019	0.0050	0.0395	0.0824	0.2354	0.0013	0.0000	0.0240
3MP	0.0021	0.0044	0.0538	0.1581	0.0988	0.0000	0.0000	0.0192
4SD	0.0015	0.0072	0.0293	0.1073	0.3697	0.0003	0.0000	0.0069
4LP	0.0010	0.0018	0.0234	0.0508	0.2288	0.0000	0.0000	0.0067
4SP	0.0014	0.0030	0.0241	0.2141	0.1055	0.0004	0.0000	0.0223
4MP	0.0016	0.0030	0.0278	0.0623	0.2159	0.0000	0.0000	0.0107
5SD	0.0006	0.0034	0.0276	0.0916	0.1807	0.0001	0.0000	0.0424
5LP	0.0010	0.0021	0.0256	0.0537	0.0842	0.0000	0.0000	0.0147
5SP	0.0011	0.0025	0.0266	0.0543	0.0978	0.0002	0.0289	0.0129
5MP	0.0006	0.0058	0.0268	0.2528	0.1759	0.0006	0.0000	0.0341

空心菜中重金属的富集系数（第 5 茬）　　　表 9-11

处理编号	Cr	Ni	Cu	Zn	Cd	Pb	As	Hg
3SD	0.0056	0.0080	0.1144	0.0669	0.0513	0.0040	0.0188	0.0081
3LP	0.0021	0.0032	0.0374	0.0649	0.0928	0.0000	0.0000	0.0064
3SP	0.0019	0.0050	0.0395	0.0824	0.2354	0.0013	0.0000	0.0240
3MP	0.0021	0.0044	0.0538	0.1581	0.0988	0.0000	0.0000	0.0192
4SD	0.0015	0.0072	0.0293	0.1073	0.3697	0.0003	0.0000	0.0069
4LP	0.0010	0.0018	0.0234	0.0508	0.2288	0.0000	0.0000	0.0067
4SP	0.0014	0.0030	0.0241	0.2141	0.1055	0.0004	0.0000	0.0121
4MP	0.0016	0.0030	0.0278	0.0623	0.2159	0.0000	0.0000	0.0107
5SD	0.0006	0.0034	0.0276	0.0916	0.1807	0.0001	0.0000	0.0424
5LP	0.0010	0.0021	0.0256	0.0537	0.0842	0.0000	0.0000	0.0133
5SP	0.0011	0.0025	0.0266	0.0543	0.0978	0.0002	0.0289	0.0129
5MP	0.0006	0.0058	0.0268	0.2528	0.1759	0.0006	0.0000	0.0341

空心菜中重金属的富集系数（第 6 茬）　　　表 9-12

处理编号	Cr	Ni	Cu	Zn	Cd	Pb	As	Hg
3SD	0.0014	0.0076	0.0226	0.0696	0.0587	0.0013	0.0633	0.0079
3LP	0.0020	0.0047	0.0370	0.0881	0.1441	0.0000	0.0273	0.0114
3SP	0.0034	0.0072	0.0450	0.0628	0.3502	0.0000	0.1007	0.0117
3MP	0.0014	0.0069	0.0474	0.1409	0.1050	0.0645	0.0213	0.0200
4SD	0.0005	0.0061	0.0246	0.0561	0.1705	0.0019	0.0058	0.0154
4LP	0.0011	0.0047	0.0140	0.0321	0.1045	0.0004	0.0512	0.0288
4SP	0.0041	0.0046	0.0211	0.1554	0.1172	0.0083	0.0128	0.0478
4MP	0.0018	0.0054	0.0261	0.1001	0.1419	0.0039	0.0351	0.0488
5SD	0.0022	0.0083	0.0252	0.1007	0.1932	0.0062	0.0161	0.0399
5LP	0.0014	0.0030	0.0230	0.1681	0.2039	0.0026	0.0944	0.0347
5SP	0.0019	0.0048	0.0187	0.0606	0.0974	0.0055	0.1575	0.0506
5MP	0.0011	0.0037	0.0306	0.0854	0.1069	0.0028	0.0188	0.0318

空心菜中重金属的富集系数（第 7 茬）　　　表 9-13

处理编号	Cr	Ni	Cu	Zn	Cd	Pb	As	Hg
3SD	0.0026	0.0149	0.0296	0.0925	0.2798	0.0239	0.0177	0.1193
3LP	0.0049	0.0213	0.0402	0.1212	0.4544	0.0281	0.0166	0.0896
3SP	0.0066	0.0197	0.0512	0.1652	0.4777	0.0422	0.0142	0.0978
3MP	0.0041	0.0149	0.0526	0.3056	0.5918	0.0597	0.0206	0.1229
4SD	0.0000	0.0179	0.0315	0.1214	0.8465	0.0214	0.0125	0.1605
4LP	0.0068	0.0142	0.0292	0.0669	0.2246	0.0181	0.0241	0.1126
4SP	0.0036	0.0213	0.0220	0.0642	0.2407	0.0172	0.0128	0.1218
4MP	0.0010	0.0084	0.0202	0.0492	0.2764	0.0154	0.0134	0.1067
5SD	0.0130	0.0218	0.0835	0.0914	0.3153	0.0200	0.0092	0.1320
5LP	0.0628	0.0595	0.1353	0.0846	0.2560	0.0295	0.0289	0.0965
5SP	0.0057	0.0101	0.0361	0.0897	0.2343	0.0278	0.0324	0.1179
5MP	0.0030	0.0087	0.0303	0.0516	0.2598	0.0241	0.0292	0.0576

从表 9-7 至表 9-13 连续 7 茬空心菜对土壤中重金属富集系数的动态监测结果可知，稳定化处理可显著降低空心菜 Cd 的富集系数；不同稳定化处理间空心菜 Cd 的富集系数差异显著，LP 处理的富集系数低于 SP 和 MP 处理；稳定化处理后空心菜中其他重金属元素的富集系数也有一定降低效果。

9.6.2　稳定化对空心菜重金属含量的影响

从表 9-14～表 9-16 结果可以看出，针对不同污染等级农田土的不同稳定剂处理种植的空心菜中，Cr、Pb、Cd 和 Hg 的含量均低于《食品安全国家标准　食品中污染物限量》GB 2762—2017。经过 one-way ANOVA 单因素方差分析及多重比较（LSD）方法分析数据表明，各处理空心菜的 Cd 含量在 $P=0.05$ 和 $P=0.01$ 水平上差异均显著。说明各稳定化处理空心菜 Cd 的含量差异显著；3 个污染等级未修复农田土上种植的空心菜 Cd 含量均超标，且与稳定化处理后的空心菜 Cd 含量在 $P=0.05$ 和 $P=0.01$ 水平上有显著性差异，各稳定化处理间差异不显著，石灰＋钙镁磷肥处理对减少空心菜吸收 Cd 效果最好，单独使用钙镁磷肥处理次之，海泡石＋磷酸二氢钙效果最小。

不同稳定剂处理下空心菜中重金属的含量（第 1 茬）（单位：mg/kg）　　　　表 9-14

部位	编号	Cr	Ni	Cu	Zn	Cd	Pb
茎叶	3SD	0.1093b B	0.7036 a A	4.1400 a A	0.8216 a A	0.0505 a A	0.1603 a A
	3LP	0.2992 b AB	0.7726 a A	0.4311 b B	1.0476 a A	0.0085 c B	0.0000 b B
	3SP	0.2511 b B	0.7569 a A	0.3617 b B	0.9834 a A	0.0175 bc B	0.0000 b B
	3MP	0.4402 a A	0.7864 a A	0.4484 b B	4.5039 a A	0.0310 b AB	0.0286 b B
	4SD	0.0733 a A	0.7227 a A	1.3724 a A	0.7415 a A	0.0526 a A	0.0809 a A
	4LP	0.0562 a A	0.7259 a A	0.6772 a A	0.2748 b B	0.0251 b B	0.0154 a A
	4SP	0.1072 a A	0.8430 a A	0.5933 a A	0.407 b B	0.0322 b B	0.0509 a A
	4MP	0.1213 b A	0.7963 a A	2.8345 a A	0.4897 b AB	0.0292 b A	0.1454 a A
	5SD	0.2874 a A	0.7922 a A	1.2687 a A	2.2570 a A	0.0573 a A	0.0000 a A
	5LP	0.2336 a A	0.8985 a A	0.2802 b B	0.7907 b B	0.0082 b B	0.0000 a A
	5SP	0.3096 a A	0.9112 a A	0.6403 ab AB	1.1693 b AB	0.0202 b B	0.0728 a A
	5MP	0.2714 a A	0.9057 a A	0.4877 b AB	0.6561 b B	0.0173 b B	0.0000 a A

注：表中同一列中小写字母相同表示在 $P=0.05$ 水平上差异不显著；表中同一列中大写字母相同表示在 $P=0.01$ 水平上差异不显著。

不同稳定剂处理下空心菜中重金属的含量（第 2 茬）（单位：mg/kg）　　　　表 9-15

部位	编号	Cr	N	Cu	Zn	Cd	Pb
茎叶	3SD	0.0000 a A	0.3845 a A	0.3761 a A	0.8358 a A	0.0229 a A	0.0145 a A
	3LP	0.0695 b A	0.3950 a A	0.2731 b BC	0.6702 a A	0.0051 b B	0.0165 a A
	3SP	0.0029 b A	0.4157 a A	0.2585 b C	0.6986 a A	0.0104 b B	0.0041 a A
	3MP	0.0017 b A	0.3828 a A	0.3528 a AB	0.6561 a A	0.0103 b B	0.0036 a A
	4SD	0.0483 a A	0.5498 a A	0.5061 a A	0.9868 a A	0.0595 a A	0.0146 ab A
	4LP	0.0026 b B	0.4426 ab A	0.3398 b B	0.5677 bc B	0.0162 b A	0.0036 a A
	4SP	0.0000 b B	0.4317 ab A	0.2498 c B	0.5390 c B	0.0229 b A	0.0012 b A
	4MP	0.0000 b B	0.3340 b A	0.2975 bc B	0.6911 b B	0.0160 b B	0.0573 a A

部位	编号	Cr	N	Cu	Zn	Cd	Pb
茎叶	5SD	0.0000 c B	0.4688 ab A	0.2724 b C	0.7509 a A	0.0146 b B	0.0025 c B
	5LP	0.0063 b B	0.4934 a A	0.3432 a AB	0.5745 b B	0.0224 a A	0.0157 a A
	5SP	0.0026 bc B	0.4596 ab A	0.2901 b BC	0.5517 b B	0.0123 b B	0.0069 bc AB
	5MP	0.0326 a A	0.4228 b A	0.3656 a A	0.6309 b AB	0.0108 b B	0.0139 ab A
根部	3SD	0.2678 a A	0.4096 c B	0.5727 c C	1.3373 b B	0.0280 a A	0.1116 a A
	3LP	0.0322 d D	0.5253 a A	0.5773 c C	1.0996 c C	0.0174 b B	0.0480 c C
	3SP	0.2095 b B	0.5115 a A	0.6157 b B	1.3722 b B	0.0174 b B	0.0764 b B
	3MP	0.1205 c C	0.3654 d C	0.6607 a A	1.8147 a A	0.0112 b B	0.0733 b B
	4SD	0.085 c C	0.4768 c C	0.8499 a AB	1.7753 a A	0.0813 a A	0.1254 b B
	4LP	0.3372 b B	0.5859 b B	0.8106 a AB	0.7491 b B	0.0399 b B	0.1264 b B
	4SP	0.602 a A	0.6816 a A	1.1795 a A	0.8709 b B	0.0385 b B	0.1278 b B
	4MP	0.1324 c C	0.3291 d D	0.3722 b B	0.6396 c B	0.0370 b B	0.7669 a A
	5SD	0.1905 a A	0.4623 a A	0.8073 a A	1.3253 a A	0.0276 b B	0.0840 a A
	5LP	0.0840 b AB	0.4539 a A	0.6144 a AB	0.6630 b B	0.0414 a A	0.0430 b B
	5SP	0.0466 b B	0.4044 a A	0.4704 b B	0.6758 b B	0.0198 c B	0.0413 b B
	5MP	0.0540 b B	0.4197 a A	0.7285 a AB	0.8366 b B	0.0244 bc B	0.0351 b B

注：表中同一列中小写字母相同表示在 $P=0.05$ 水平上差异不显著；表中同一列中大写字母相同表示在 $P=0.01$ 水平上差异不显著。

不同稳定剂处理下空心菜中重金属的含量（第 7 茬）（单位：mg/kg）   表 9-16

部位	编号	Cr	Ni	Cu	Zn	Cd	Pb
茎叶	3SD	0.0498 a A	0.1233 a A	0.4931 c B	1.6466 b B	0.0257 c C	0.1793 c B
	3LP	0.0810 a A	0.1695 a A	0.5847 bc AB	1.6464 b B	0.0332 b B	0.1672 c B
	3SP	0.1008 a A	0.1210 a A	0.6437 ab AB	1.9725 b B	0.0301 b BC	0.2533 b B
	3MP	0.0773 a A	0.1020 a A	0.6941 a A	3.9068 a A	0.0421 a A	0.3697 a A
	4SD	0.0000 c B	0.1939 a A	0.6038 ab AB	2.1636 a A	0.0770 a A	0.1769 a A
	4LP	0.1789 a A	0.2033 a A	0.6876 a A	1.4683 b B	0.0303 b B	0.1786 a A
	4SP	0.0988 ab AB	0.2926 a A	0.4341 bc B	1.2239 b BC	0.0265 b B	0.1464 a A
	4MP	0.0256 bc B	0.0978 a A	0.3926 c B	0.8568 c C	0.0272 b B	0.1218 a A
	5SD	0.3087 b B	0.2283 a A	1.6423 b B	1.6343 b B	0.0307 a A	0.1700 d D
	5LP	0.4582 a A	0.7141 a A	2.5247 a AD	1.5345 c C	0.0255 d D	0.4027 a A
	5SP	0.1625 b B	0.1212 a A	0.7655 c C	1.8430 a A	0.0260 c C	0.2496 b B
	5MP	0.0839 b B	0.1012 a A	0.6359 d D	1.0391 c C	0.0286 b B	0.2238 c C
根部	3SD	0.0632 a A	0.1094 a A	0.7666 c C	2.3869 c C	0.0345 c C	0.0547 b B
	3LP	0.0060 ab A	0.6328 a A	0.9501 b B	2.3648 c C	0.0468 b B	0.1347 a A
	3SP	0.0268 ab A	0.4966 a A	0.9848 ab AB	2.8343 b B	0.0498 b B	0.1295 a A
	3MP	0.0000 b A	0.4604 a A	1.0193 a A	4.1364 a A	0.0664 a A	0.1231 a A
	4SD	0.0000 c A	0.1939 a A	0.6038 bd BD	2.1636 a A	0.0770 a A	0.1769 b B
	4LP	0.1789 ac A	0.2033 a AB	0.6876 a A	1.4683 b B	0.0303 b B	0.1786 a A
	4SP	0.0988 b A	0.2926 a AB	0.4341 c C	1.2239 a A	0.0265 d C	0.1464 c C
	4MP	0.0256 c A	0.0978 b B	0.3926 d D	0.8568 b B	0.0272 c B	0.1218 c C

续表

部位	编号	Cr	Ni	Cu	Zn	Cd	Pb
根部	5SD	0.0000 b B	0.1266 a A	0.7055 a A	2.9064 a A	0.0540 b B	0.1099 d D
	5LP	0.0374 a A	0.1124 a A	0.6227 c B	0.9846 c BC	0.0472 c C	0.1288 c C
	5SP	0.0000 b B	0.0780 a A	0.5044 d C	1.1713 b B	0.0367 d D	0.1649 b B
	5MP	0.0000 b B	0.1670 a A	0.6487 bB	0.9088 c C	0.0590 a A	0.1829 a A

注：表中同一列中小写字母相同表示在 $P=0.05$ 水平上差异不显著；表中同一列中大写字母相同表示在 $P=0.01$ 水平上差异不显著。

从前面空心菜重金属含量数据可以看出土壤进行稳定化修复后，空心菜重金属降低率在 75%～80%，修复后空心菜重金属 Cd 可达到无公害标准；多茬种植试验结果表明，本次试验所应用的稳定剂材料具有较好的长期稳定修复效果。

9.7　稳定化处理对 4 种蔬菜中重金属含量的影响

9.7.1　蔬菜重金属含量的影响

经稳定化处理后的底泥利用土壤中种植的 4 种蔬菜重金属含量见表 9-17。所有稳定化处理组蔬菜中，Cd 和 Pb 含量均低于《食品安全国家标准　食品中污染物限量》GB 2762—2017 中的相关限值（绝大部分样品中的 Cr、As 和 Hg 含量都低于检出限，故未列出）；除了对照组空心菜 Cd 含量为 0.0573mg/kg 以外，其他所有处理的所有蔬菜中重金属含量均低于《农产品安全质量无公害蔬菜安全要求》GB 18406.1—2001 中的相关限量指标。

空心菜除了 Ni 含量在处理组与对照组之间无显著差异以外，3 种处理的 Cu、Zn、Cd 和 Pb 含量均显著低于对照组，减少空心菜吸收重金属最好的处理是 LP（石灰＋钙镁磷肥），其次是 SP（海泡石＋磷酸二氢钙）和 MP（钙镁磷肥）。苦瓜除了 Cd 的含量在处理组与对照组之间无显著差异以外，3 种处理的 Zn、Ni、Cu 和 Pb 含量均显著低于对照组，减少苦瓜吸收重金属最好的处理是 MP，其次是 LP 和 SP。柿子椒除了 Ni、Pb 含量在处理组与对照组之间无显著差异以外，3 种处理的 Cu、Zn 和 Cd 含量均显著低于对照组。减少柿子椒吸收重金属最好的处理是 MP，LP 和 SP 处理间差异不显著。长豆角除了 Ni、Zn 含量在处理组与对照组之间无显著差异以外，3 种处理的 Cu、Cd 和 Pb 含量均显著低于对照组。减少长豆角吸收重金属最好的处理是 MP 和 SP，二者无显著差异。

各处理间蔬菜中重金属含量对比表明，对于底泥土地利用后土壤重金属的稳定化处理效果显著，绝大部分处理组的蔬菜对重金属的吸收相对于对照组显著减少。原因在于稳定化处理降低了重金属在土壤中的有效态含量，减少了 4 种蔬菜对重金属的吸收，稳定化效果显著。本研究中供试土壤为底泥土地利用造成的轻微污染农田土壤，只有 Cd 元素含量超标，为标准限值的 2.23 倍；Ni、Cu、Zn、Pb 均低于标准限值。稳定剂添加前后，土壤重金属活动态含量变化明显，种植的蔬菜中叶菜类空心菜的重金属含量变化明显，与土壤重金属形态变化一致；但由于非叶菜类的苦瓜、柿子椒和长豆角的可食部分对低浓度的重金属富集较小，所以本研究中轻微污染的重金属的形态变化对这 3 种蔬菜的重金属含量影响不大。底泥农用后的土壤经稳定化处理后，种植 4 种蔬菜中的重金属含量明显低于对照组蔬菜，且全部低于《食品安全国家标准　食品中污染物限量》GB 2762—2017 中的相关限值。因此，该底泥利用后的农田经稳定化处理后，能够降低蔬菜重金属超标的风险，保证种植蔬菜的食品安全性。

不同稳定剂处理下不同蔬菜中重金属的含量（单位：mg/kg）　表 9-17

蔬菜种类	处理	Ni	Cu	Zn	Cd	Pb
空心菜	SD	0.9112±0.0010a	1.2687±0.0004a	2.2570±0.0059a	0.0573±0.0015a	0.0728±0.0002a
	LP	0.8985±0.0022a	0.2802±0.0060c	0.7907±0.0084c	0.0082±0.0004c	0.0000±0.0000b
	SP	0.7922±0.0009a	0.4877±0.0044b	0.6561±0.0047c	0.0202±0.0008b	0.0000±0.0000b
	MP	0.9057±0.0020a	0.6403±0.0008b	1.1693±0.0038b	0.0173±0.0004b	0.0000±0.0000b
苦瓜	SD	0.0978±0.0025a	0.9266±0.0187a	0.3457±0.0200a	0.0034±0.0007a	0.0224±0.0057a
	LP	0.0684±0.0054bc	0.7920±0.0131a	0.2417±0.0098b	0.0022±0.0005a	0.0129±0.0012b
	SP	0.0802±0.0012b	0.5327±0.0079b	0.2679±0.0168b	0.0025±0.0001a	0.0109±0.0021b
	MP	0.0611±0.0037b	0.5441±0.0098b	0.2114±0.0027b	0.0021±0.0007a	0.0093±0.0007b
柿子椒	SD	0.2342±0.0078a	1.2069±0.0187a	0.6851±0.0178a	0.0174±0.0033a	0.0167±0.0021a
	LP	0.2158±0.0100a	0.7714±0.0100b	0.5373±0.0125b	0.0138±0.0016b	0.0064±0.0011b
	SP	0.2276±0.0138a	0.7078±0.0146b	0.5252±0.0096b	0.0136±0.0021b	0.0147±0.0009a
	MP	0.1523±0.0097b	0.4898±0.0085c	0.3261±0.0114c	0.0106±0.0011c	0.0017±0.0001b
长豆角	SD	0.5547±0.0314a	0.9606±0.0311a	1.3382±0.0298a	0.0049±0.0007a	0.0256±0.0021a
	LP	0.3483±0.0240b	0.6415±0.0300b	1.0362±0.0371a	0.0027±0.0004b	0.0005±0.0000c
	SP	0.2420±0.0128bc	0.5859±0.0271b	0.6727±0.0256b	0.0010±0.0000b	0.0004±0.0000c
	MP	0.1943±0.0180c	0.6114±0.0185b	0.5956±0.0177b	0.0017±0.0000b	0.0024±0.0000b
GB 2762—2017 食品中污染物限量中相关标准限值		—	—	—	0.2（叶菜蔬菜）0.05（除叶菜蔬菜）	0.3（叶菜蔬菜）0.1（除叶菜蔬菜）
GB 18406.1—2001 农产品安全质量无公害蔬菜安全要求		—	—	—	0.05	0.2

9.7.2　蔬菜品种对重金属富集特征的差异

本研究中 4 种不同蔬菜品种对稳定化处理后土壤重金属的富集系数见表 9-18。空心菜对重金属的平均富集系数大小顺序为：Cd＞Ni＞Cu＞Zn＞Pb。苦瓜对重金属的平均富集系数大小顺序为 Cu＞Ni＞Cd＞Zn＞Pb。柿子椒对重金属的平均富集系数大小顺序为：Cd＞Cu＞Ni＞Zn＞Pb；长豆角对重金属的平均富集系数大小顺序为：Cu＞Zn＞Ni＞Cd＞Pb。各元素的平均富集系数大小顺序为：Cd＞Cu＞Ni＞Zn＞Pb。由此可见，Cd、Cu、Ni、Zn 较易从土壤向蔬菜的可食用部分转移，属于高富集元素，Pb 则不易从土壤转移至蔬菜的可食用部分，属于低富集元素，这与许多研究的结论一致。

4 种蔬菜对 Cd、Cu 和 Ni 的富集能力大小为：空心菜＞柿子椒＞苦瓜＞长豆角，对 Zn 的富集能力大小为：空心菜＞柿子椒＞长豆角＞苦瓜，对 Pb 的富集能力大小为：空心菜＞苦瓜＞柿子椒＞长豆角。由此可见，叶菜类的空心菜可食用部分对 Cd、Cu、Ni、Zn、Pb 的富集能力均大于非叶菜类蔬菜的可食用部分。在实际修复工程中，经稳定化处理后的重金属污染农田种植时进行作物品种调整，尽量避免种植重金属富集能力高的空心菜等叶菜类蔬菜品种，尽量选择种植低富集能力的蔬菜品种如苦瓜、柿子椒、长豆角等，以降低重金属污染风险，确保食品安全。

不同蔬菜对重金属的富集系数　　　　　　　　表 9-18

重金属	蔬菜种类	对照 SD	处理 LP	处理 SP	处理 MP
Pb	空心菜	0.0049±0.0018a	0.0002±0.0000a	0.0012±0.0001a	0.0025±0.0004a
	苦瓜	0.0007±0.0000b	0.0005±0.0000a	0.0004±0.0000a	0.0005±0.0000b
	柿子椒	0.0002±0.0000b	0.0005±0.0000a	0.0003±0.0000a	0.0002±0.0000b
	长豆角	0.0000±0.0000b	0.0000±0.0000a	0.0002±0.0000a	0.0000±0.0000b
Cd	空心菜	0.1168±0.0025a	0.0357±0.0015a	0.0505±0.0024a	0.0606±0.0038a
	苦瓜	0.0054±0.0007c	0.0054±0.0004b	0.0059±0.0007c	0.0051±0.0002c
	柿子椒	0.0286±0.0011b	0.0305±0.0010a	0.0286±0.0020b	0.0271±0.00015b
	长豆角	0.0009±0.0000c	0.0029±0.0002b	0.0033±0.0002c	0.0041±0.0001c
Zn	空心菜	0.0198±0.0028a	0.0144±0.0010a	0.0158±0.0009a	0.0491±0.0029a
	苦瓜	0.0060±0.0007b	0.0050±0.0001b	0.0049±0.0005b	0.0049±0.0002c
	柿子椒	0.0155±0.0021a	0.0067±0.0003b	0.0077±0.0002b	0.0134±0.0015b
	长豆角	0.0062±0.0002b	0.0110±0.0015a	0.0051±0.0002b	0.0129±0.0021b
Cu	空心菜	0.0584±0.0050a	0.0114±0.0012a	0.0126±0.0010a	0.0302±0.0021a
	苦瓜	0.0216±0.0014b	0.0183±0.0010a	0.0121±0.0007a	0.0183±0.0018b
	柿子椒	0.0245±0.0027b	0.0166±0.0010a	0.0169±0.0012a	0.0233±0.0011ab
	长豆角	0.0061±0.0004c	0.0127±0.0000a	0.0056±0.0001b	0.0120±0.0009c
Ni	空心菜	0.0342±0.0034a	0.0368±0.0029a	0.0385±0.0025a	0.0383±0.0030a
	苦瓜	0.0080±0.0009c	0.0085±0.0008c	0.0053±0.0002b	0.0091±0.0009c
	柿子椒	0.0132±0.0010b	0.0210±0.0019b	0.0096±0.0009b	0.0127±0.0015b
	长豆角	0.0034±0.0000c	0.0035±0.0008c	0.0032±0.0003b	0.0033±0.0001c

9.8　蔬菜种植大田试验结果

三种稳定剂处理效果都比较明显，Cd 污染元素中较易迁移的弱酸提取态含量均显著降低，减小了生物有效性和植物可吸收性。三种稳定剂组合对轻污染底泥土中 Cd 有明显的稳定效果，经稳定化处理后底泥种植的空心菜中 Cd 含量明显小于未处理污染底泥种植的空心菜，空心菜重金属含量降低率为 $75\%\sim80\%$ 以上，稳定后底泥种植的空心菜重金属可达到无公害标准。蔬菜种植开始后，随着种植时间的推移，受酸雨和植物生长的影响，稳定后底泥的 pH 会有所降低；稳定化处理后土壤中 Cd 的有效态含量增加。

　　相对于对照组，3 种稳定化处理均能够减少蔬菜对重金属的吸收，处理组蔬菜的重金属含量均明显低于对照组蔬菜，且达到"食品中污染物限量"和"无公害蔬菜安全要求"中的相关标准。其中，减少空心菜吸收重金属最好的处理是 LP（石灰＋钙镁磷肥）；3 种处理对苦瓜、柿子椒和长豆角重金属吸收的减少量差异不显著。空心菜可食部分多数重金属的富集系数均大于苦瓜、柿子椒和长豆角。Cd、Cu、Ni、Zn 较易从土壤向蔬菜的可食部分转移，Pb 则不易转移。在有重金属污染的农田土壤中种植蔬菜时，可选择富集重金属能力小的非叶菜类蔬菜，有利于保证蔬菜种植的安全性。

第10章 污泥质耕作层土壤种植能源草应用效果

10.1 研究背景及目的

海南省海口市龙华区所属遵谭镇、龙泉镇、旧州镇等区域局部耕地耕作层浅薄，存在岩石障碍层，土地利用难度大等特点。该区域的农田土少石多，大部分火山灰土壤由第三期玄武岩喷发形成，土壤发育不完整，母质特征明显。耕作层土体中风化程度较低的火山砾石火山弹较多、土壤孔隙较大、多为重石质沙土至重石质壤土，农业耕作受到较大限制，这类劣质土地整治成良田需要实施大量外源耕作层客土。海南省海口市城市生活污水处理污泥、市区黑臭水体治理工程中河道疏浚等产生大量底泥，这些污泥和底泥如何处置及资源化利用是急需破解的技术难题。

前期河湖底泥用作耕作层土壤的可行性研究分析，为城市污泥的土地利用提供了一定的技术基础。城市污泥作为污水处理的副产物，含有大量的有机物、氮、磷等多种营养物质，能够改善土壤结构，提高土壤肥力，促进作物生长。目前已广泛用于农田、林地、垦荒地、退化土地等受损土壤的修复和改良，以及园林绿化培肥，并取得了明显的肥效和改良土壤的效果。但也有研究认为，在城市污泥土地利用的过程中，污泥中的病菌、微生物、重金属等有害物质可能会对土壤和食品安全造成污染，需要科学谨慎合理施用。

用城市污泥来改造石质荒地土壤，开展能源草种植试验；研究不同污泥施用量对土壤理化性状的影响，采用内梅罗综合污染指数法对各处理土壤、植物重金属含量评价，狼尾草生物量监测等方面的应用效果分析。为后期城市污泥在农区火山岩石质荒地土壤改良规模化利用提供底层基础技术参数。

10.2 研究区概况及试验设计

10.2.1 研究区概况

污泥质耕作层土壤构建试验区位于海南省海口市琼山区红旗镇苏寻三村和牛养殖场附近（19°51′55″N，110°32′23″E），该试验区域地处海南岛北部，属热带海洋性季风气候，年平均气温24.2℃，年均降雨量1664mm，11月～翌年4月为旱季，降水较少；5～10月为雨季，占全年降雨量的78.1%；试验区属于典型火山岩地貌，土壤为玄武岩砖红壤，质地黏重，土壤偏酸，缺乏磷钾。表土层浅薄，母岩裸露，土体中含有大量母岩碎块，利用困难。受水土流失的影响，原有地表植被稀树灌丛草地向草地演化，地力呈下降趋势，具有较强试验代表性。

10.2.2 试验设计

试验用改良材料为鸡粪和城市原状污泥，试验种植狼尾草，采用种茎播种。在石质荒地土壤改良中，将试验地划分为 6 个 10m×36m 的小区，以土埂为界将各小区均匀隔成 6 列，对应设置 6 个处理，分别为 CK：对照，处理 1：污泥（10％），处理 2：污泥（15％），处理 3：污泥（20％），处理 4：污泥（30％），处理 5：有机肥。使用大型推土机将大块污泥进行破碎、平整并均匀铺设，经田间自然脱水后（水分<30％），使用旋耕机将污泥和客土田块进行多次混合旋耕，直至混合均匀。试验起始时间为 2014 年 2 月 1 日，各小区采用种茎播种的方式试验种植狼尾草，在狼尾草生长期间按常规方法进行管理，种植过程中不施任何肥料，直至第一次刈割。具体试验布设内容、试验材料等相关参数见下表 10-1 和图 10-1。

试验改良模式及布设　　　　　　　　　　　　　　　　　　　　　　　表 10-1

样地编号	改良模式（材料）	使用量（m³）	面积（m²）	污泥体积百分比（％）
处理 1	城市原状污泥	18	360	20
处理 2	城市原状污泥	25.5	360	30
处理 3	城市原状污泥	6	360	—
处理 4	城市原状污泥	12	360	10
处理 5	有机肥	50 袋	360	15
对照	对照（生土）	0	360	—

城市污泥中含有丰富的有机营养成分，如氮、磷、钾等和植物所需的各种微量元素如 Ca、Mg、Cu、Zn、Fe 等，其中有机物的浓度一般为 40％～70％，其含量高于普通农家肥，科学施用污泥能够改良土壤结构，增加土壤肥力，促进作物生长。本研究供试污泥来源于海口市污水处理厂，总体呈中性，所施污泥的总养分均大于 40g/kg 的要求（表 10-2）。从养分含量上看，海口市城市污水处理厂的污泥具备了土地再利用的潜在价值。

城市污泥养分及重金属含量　　　　　　　　　　　　　　　　　　　　表 10-2

养分指标	含量	重金属单位	含量
pH 值	7.41	Cr(mg/kg)	54.08
CEC(cmol/kg)	1.29	Ni(mg/kg)	8.02
总盐分(g/kg)	4.40	Cu(mg/kg)	340.42
有机质(g/kg)	418.02	Zn(mg/kg)	89.14
全氮(g/kg)	36.64	As(mg/kg)	9.00
全磷(g/kg)	7.47	Cd(mg/kg)	0.95
全钾(g/kg)	11.63	Pb(mg/kg)	65.80
养分总量(g/kg)	473.76	Hg(mg/kg)	0.63

但污泥中有重金属病毒等污染物，不合理的施用会造成土壤重金属污染，许多国家或组织对污泥农用时制定了重金属最高允许浓度极值。我国污泥农用泥质 A 级标准中各重金属最高允许浓度限值最低，其次是德国污泥农用标准和我国污泥农用泥质 B 级标准，再次是欧盟和美国的污泥农用标准（表 10-3）。本次试验所有施用城市污泥各重金属元素浓度均远低于污泥土地利用的国家 A 级标准。在经过脱水处理后，能够作为砂质荒地土壤改良的主要材料。

各国城市污泥土地利用重金属控制标准（单位：mg/kg）　　　　　表 10-3

国家	Cr	Ni	Cu	As	Cd	Pb	Hg	Zn
美国	—	420	4300	75	85	840	57	7500
欧盟*	1000	300	1000	—	10	750	1—	2500
德国	1000	200	1000	—	15	800	10	3000
中国（A 级）	500	100	500	30	3	300	3	1500
中国（B 级）	1000	200	1500	75	15	1000	15	3000

注：A 欧盟 86/278/EEC 标准 2000 年修订版。

　　狼尾草（*Pennisetum alopecuroides* (L.) Spreng.），属禾本科多年生草本植物，是作为防治荒漠化的主要植被之一。近年来，狼尾草作为一种草本能源植物，因其生长迅速、生物质产量高，抗逆性强，适应性广等特点，对重金属复合污染地块进行植物修复，具有突出的生态效益和社会效益。已有研究表明，在排土场种植狼尾草，辅以肥料的施用，对土壤的恢复效果较好。如在广东茂名北排土场试种杂交狼尾草后，辅以肥料的施用，对土壤的恢复效果较好。因此，在改良后的土壤中种植狼尾草，研究不同污泥施用条件下狼尾草的生长状况以及狼尾草对重金属的富集程度，从土地生产力以及生态安全角度对砂质荒地土壤改良效果做出评价。

10.2.3　试验布置

　　从目前来看，污泥改造土壤的工艺环节主要分为以下 4 部分：土地平整、污泥铺设、自然脱水及旋耕混合等，具体见图 10-1。

图 10-1　边际土地土壤改造关键技术环节

　　1. 土地平整环节

　　主要内容：清表及地上的灌木，用三铧犁翻耕两遍进行松土，人工捡石块，并拉运至田埂处，外运土至田块进行平整，干垒火山石田埂。清理出来的粒径大于 20cm 的石块用来垒砌田埂，其余的石渣用来作为填筑道路，整体平整后土地的坡降较小，能够满足种植。具体见图 10-2、图 10-3。

图 10-2　供试试验基地种植前土地状况

图 10-3　试验区土地平整

2. 底泥铺设环节

底泥铺设环节如下：需对底泥实施分堆堆放、采用推土机或大型长背购机对田块所分散堆放的污泥进行及时平整；平整时对大块污泥进行适当的破碎，直径≤5cm；田块地面污泥铺设要厚度均匀、田面不留死角；铺设厚度按照设计要求进行，厚度误差在±(3~5)cm内，及时对污泥的铺设主要目的是便于后期污泥的脱水和破碎，见图 10-4、图 10-5。自然脱水：依据实际情况来进行城市污泥的自然脱水，脱水时间依据项目区的实际天气情况来定，水分需要控制在 30% 以内，方可进行旋耕混合。

图 10-4　试验区布设

(a)改造土壤的城市污泥

图 10-5　城市污泥与铺设（一）

(b)城市污泥铺设

图 10-5　城市污泥与铺设（二）

3. 旋耕混合环节

旋耕混合过程：采用卧式旋耕机，旋耕厚度≥25cm，按照污泥与客土田块单元进行旋耕混合；污泥、基础客土等的旋耕混合过程中，旋耕的时间节点应该严格控制，一般而言在底泥晾晒到水分为 30％左右首次旋耕两次；底泥旋耕深度要≥25cm；污泥要混合均匀；底泥旋耕混合时，底泥破碎情况较好，不能出现大于 7cm 的泥块，以上自然脱水过程，确保破碎和混合效果，具体见图 10-6 和图 10-7。

图 10-6　污泥与生土混合

图 10-7　种植能源草

10.3 污泥施用对土壤生态影响分析

施用污泥对火山岩石之土进行改良具有理论可能性，但在污泥施用的同时，存在一定的潜在环境风险。因为污泥中除了较高的有机质及无机营养物质以外，也含有一定的重金属元素、病毒、有机污染物等有毒有害物质，随意施用或长期过量施用会造成土壤和作物的二次污染，如重金属在土壤中累积达到植物毒性水平，致使作物减产并在作物中富集，通过食物链传递最终危害人体健康。因此，如何合理施用污泥，寻求有效的无害化处理途径具有重要意义。

10.3.1 土壤物理性状分析

土壤紧实度是重要的土壤物理特性指标，可预测土壤耕性和根系伸展的阻力。由图 10-8可知，各处理样地土壤紧实度均值表现为对照（1982.94Pa）＞处理 5（1772.03Pa）＞处理 1（1520.69Pa）＞处理 2（1516.64Pa）＞处理 3（1331.90Pa）＞处理 4（1077.72Pa）；在不同的污泥施用条件下，各样地土壤紧实度均呈下降趋势，其中以污泥施用量为 20%时，土壤紧实度显著高于其他污泥施用量处理；在不同施泥处理条件下，表层土壤紧实度最小，随着土层深度的增加呈现上升趋势。从本试验结果可知，施用城市污泥对火山岩石质荒地土壤紧实度均有较大改善作用，主要缘于污泥中的细颗粒物质改变了原有石质土壤的质地和结构，改良后的土壤变得疏松多孔，适宜农作物生长。

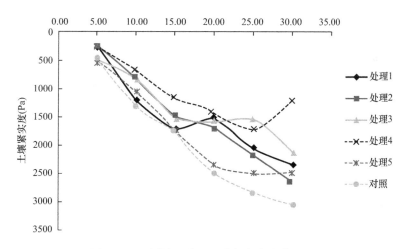

图 10-8 不同施肥处理土壤紧实度变化（Pa）

水分是土壤重要的组成部分之一，是土壤物质迁移和运动的载体，也是土壤能量转化的重要物质基础。试验区由于雨季降水充沛，土壤水分条件不会成为植物生长的限制因子，而旱季降水较少，提高土壤饱水能力对植物生长尤为重要。由表 10-4 可知，各处理样地土壤水分含量均表现为表层（0～20cm）小于次表层（20～40cm）；且与对照相比，各处理 1 号、2 号、3 号、4 号和 5 号样地土壤含水量（0～40cm）均值都有明显升高，分别增加 16.77%、26.09%、34.78%、40.37%和 6.21%，其中处理 5（施用有机肥）土壤水分含量增幅最小；在不同施泥处理条件下，随着污泥施入量的增加，土壤水分含量呈上升趋势。

有研究表明城市污泥中黏粒含量高,对水分的吸持能力强,施入污泥后,经过改良的土壤饱水能力显著提高。本试验中将城市污泥按比例施入石质荒地,土壤黏粒含量增加,土壤紧实度下降,改良后的石质土保水能力提高。改良后土壤表层含水量小于次表层,该结果与前人研究相异,可能与污泥铺设后使用机械翻耕有关,还需进持续监测。

不同施肥处理土壤含水量变化（单位:%）　　　　　　　　　表 10-4

深度(cm)	处理 1	处理 2	处理 3	处理 4	处理 5	对照
0~20	7.4	8.0	8.4	8.8	6.6	5.9
20~40	11.4	12.3	13.3	13.8	10.5	10.2

10.3.2　土壤养分分析

污泥中的有机质能改善土壤结构、土壤化学性质以及生物学性质,增加土壤微生物的活性,促进土壤团粒的形成,提高土壤的适耕性。城市污泥施用后,各样地土壤养分变化情况见表 10-5。试验区各处理样地随着污泥施用量的增加,土壤有机质、全氮、全磷、全钾均呈递增趋势。与施用有机肥（处理 5）相比,污泥处理更能明显提高土壤养分含量,当污泥施用容积量达到 30% 时,土壤有机质、全 N、全 P、全 K 均达到最高值,较对照分别增加了 277.90%、554.48%、480.10%、290.74%,其中土壤全氮含量增幅最大。由表 5-3 可知,各处理土壤有机质含量、全氮含量与施泥量呈显著相关关系（$p<0.05$）,而全钾含量与施泥量呈极显著相关（$p<0.01$）。说明各施用污泥能够提高石质荒地土壤有机质以及全钾含量。

参照全国第二次土壤普查及有关标准,各施肥处理改良后土壤有机质含量平均值均大于 40g/kg,达到 1 级（丰）水平;各处理全氮含量均值大于 2g/kg,达到 1 级（丰）水平;各处理全磷含量均值大于 1g/kg,达到 1 级（丰）水平;而各处理全钾含量均值小于 6g/kg,为 6 级（极缺）水平。试验结果表明,各处理改良后土壤中有机质、全氮、全磷等肥力状况较好,可满足种植能源草的肥力需求,但土壤中钾含量仍然不足,利用时要人工适当补充。

不同处理下土壤养分特征分析　　　　　　　　　表 10-5

编号	有机质 (g/kg)	全氮 (g/kg)	全磷 (g/kg)	全钾 (g/kg)	pH	CEC (cmol/kg)	总盐分 (g/kg)
处理 1	61.66	5.83	2.95	2.25	5.63	4.26	6.55
处理 2	66.38	5.87	3.20	2.60	5.42	5.46	9.19
处理 3	82.40	7.59	4.37	3.07	5.81	5.43	8.05
处理 4	101.09	8.45	4.40	3.52	5.80	6.83	8.69
处理 5	62.87	2.30	1.43	2.00	6.88	8.99	1.14
CK	26.75	1.29	0.76	0.90	5.08	6.14	0.09

土壤 pH 的高低直接影响土壤中养分元素的存在形态,是土壤化学性质的综合反映。从表 10-5 可知,在各施肥处理中,施用有机肥（处理 5）的土壤 pH 增幅最大,呈碱性,是对照的 1.33 倍;而各施泥处理 1 号、2 号、3 号、4 号样地土壤 pH 均高于对照样地（5.08）,较对照处理分别提高了 17.03%、6.69%、14.37%、14.17%,试验表明污泥施

用初期，各处理均可提高 pH。该结果与前人研究相反，可能与所施污泥酸碱度有关。阳离子交换量是土壤缓冲性能的主要来源，是改良土壤和合理施肥的重要依据。各处理样地中，施用有机肥后（处理 5）土壤阳离子交换量最高（8.99cmol/kg）显著提高，较对照增长 35.43%；而在施用污泥后，除处理 4 土壤阳离子交换量增加 11.24%，其他各施泥处理样地土壤阳离子交换量均低于对照。土壤阳离子交换量受土壤质地、土壤胶体类型、pH 等因素的影响，相关分析结果显示，试验区各污泥处理样地土壤阳离子交换量与其余各项养分指标均无相关关系，具体原因还需进一步研究。

全盐是表征土壤中可溶性盐分的重要指标，与土壤盐碱化程度的高低密切相关。由表 10-6 可知，土壤总盐分含量与施泥量成绩显著相关（$p < 0.01$），相关系数为 0.998，各施肥处理中，样地 3（施用有机肥）土壤总盐分值最小（1.14g/kg），较对照增加 11.67%。而各施泥处理 1 号、2 号、3 号、4 号样地土壤总盐分较对照样地均有较大增幅，按照土壤盐化程度分级标准，各污泥施用处理样地土壤全盐量均高于 3g/kg，属于盐土，不利于构建高质量土壤。但研究区大气降雨充沛，土壤矿化程度强，同时考虑到后期受雨水淋溶的影响，所增加盐分是否超出了土壤承载能力，需在后期的管理中持续监测。

各项养分指标相关分析   表 10-6

	有机质	全氮	全磷	全钾	pH	阳离子	总盐分	施泥量
有机质	1							
全氮	0.981*	1						
全磷	0.911	0.960*	1					
全钾	0.984*	0.966*	0.939	1				
pH	0.732	0.839	0.812	0.673	1			
阳离子	0.909	0.824	0.762	0.934	0.386	1		
总盐分	0.974*	0.964*	0.953*	0.998**	0.676	0.922	1	
施泥量	0.972*	0.950*	0.934	0.998**	0.635	0.944	0.998**	1

注：** 和 * 分别表示 0.01 和 0.05（双侧）显著性水平。

10.3.3 土壤重金属含量分析

城市污泥除营养元素外，还有大量的重金属元素，施入土壤的同时也使土壤中重金属含量的增加。但在严格控制施用量及质量的前提下，污泥的施用一般不会对土壤造成严重的重金属污染。

图 10-9 表明，在石质荒地中施用城市污泥后，5 月各施泥处理中土壤 Cr 含量均低于 CK（120.34mg/kg），处理 2 土壤 Cr 含量最高，为 111.87mg/kg；处理 3 土壤 Cr 含量最低，为 70.43mg/kg，各施泥处理土壤 Cr 含量组间差异显著（$p < 0.05$）。12 月各施泥处理土壤 Cr 含量变化趋势与 5 月一致，处理 1、处理 2 土壤 Cr 含量较 5 月下降，处理 3、处理 4 和处理 5（有机肥）土壤 Cr 含量分别增加 5.87mg/kg、0.54mg/kg、9.54mg/kg。各处理土壤 Cr 含量均小于土壤环境质量第二级标准 150mg/kg，无土壤污染危害风险，但还需持续监测。

各施泥处理中，5 月和 12 月土壤 Cd 含量最高值均出现在处理 2，分别为 1.86mg/kg、1.67mg/kg；最低值均出现在处理 3，分别为 0.65mg/kg、0.69mg/kg，各时间段 Cd 含量最高值均超过了二级标准 0.3mg/kg，这与该地区自然土壤 Cd 元素值偏高有关，随着耕作时间的延长、合理控制污泥的施用量可以进一步降低 Cd 含量。12 月处理 1、处理 2 以及有机肥处理（处理 5）土壤中 Cd 的含量较 5 月均有下降趋势，分别降低 0.53mg/kg、0.69mg/kg、0.19mg/kg，但泥施量的变化对土壤中 Cd 含量的变化不明显（图 10-10）。

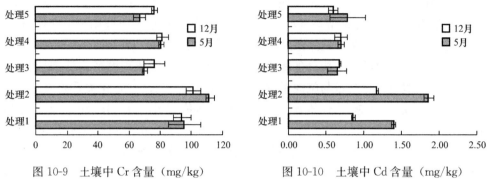

图 10-9　土壤中 Cr 含量（mg/kg）　　　　图 10-10　土壤中 Cd 含量（mg/kg）

随城市污泥施用量的增加，5 月和 12 月两个时间段土壤 Pb 含量的最高值均出现在处理 2，分别为 36.50mg/kg、33.52mg/kg；最低值均出现在处理 3，分别为 15.49mg/kg、16.12mg/kg（图 10-11）。除处理 2 土壤 Pb 含量 12 月较 5 月下降 2.98mg/kg，处理 1、处理 3、处理 4 均呈上升趋势，分别增加 1.88mg/kg、0.62mg/kg、3.44mg/kg，两个时间段内，处理 2（施用污泥）和处理 5（施用有机肥）土壤 Pb 含量差异性显著。与对照 CK（27.36mg/kg）相比，各施泥处理土壤 Pb 含量均有下降，说明施用污泥能降低土壤中的 Pb 含量。

5 月和 12 月两个时间段各施泥处理样地土壤 Hg 含量最高值均出现在处理 2，分别为 0.59mg/kg、0.34mg/kg，最低值均出现在处理 3，分别为 0.21mg/kg、0.23mg/kg（图 10-12）。12 月处理 1、处理 2 和处理 5（有机肥）土壤 Hg 含量较 5 月呈下降趋势，分别降低 0.08mg/kg、0.25mg/kg、0.07mg/kg，组间差异显著；而处理 3、处理 4 土壤 Hg 含量较 5 月分别上升 0.01mg/kg、0.02mg/kg，各处理土壤中 Hg 的含量均小于对照（0.62mg/kg），说明污泥和有机肥的施用均降低了土壤中 Hg 的含量。

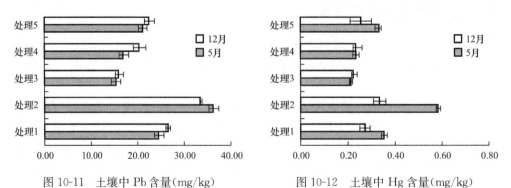

图 10-11　土壤中 Pb 含量(mg/kg)　　　　图 10-12　土壤中 Hg 含量(mg/kg)

试验区各处理 5 月和 12 月土壤 As 含量大小均表现为处理 2＞处理 1＞处理 5＞处理 4＞处理 3（图 10-13）。在各施泥组中，随着污泥施用量的增加，处理 2 土壤 As 含量在 5 月和 12 月两个时段的组间差异显著。各处理 12 月土壤 As 含量较 5 月分别下降 3.93mg/kg、0.25mg/kg、0.73mg/kg、0.58mg/kg、0.02mg/kg，且各处理土壤 As 含量均小于对照

CK（11.15mg/kg），说明污泥和有机肥的施用均可降低土壤中的 As 含量。

各施泥组中，12 月处理 1、处理 2 土壤 Zn 含量较 5 月分别下降 24.23mg/kg、45.62mg/kg，降幅明显，组间差异性显著；处理 3、处理 4 较 5 月土壤 Zn 含量分别上升 12.87mg/kg、3.53mg/kg；处理 5（施用有机肥）土壤 Zn 含量在 5 月和 12 月变化不显著，说明施用有机肥对土壤 Zn 含量影响较小（图 10-14）。有研究表明 Zn 在土壤表层有显著积累，并随着施泥量的增加而增加，且土壤中增加的 Zn 会和 Cd 产生竞争吸附作用。

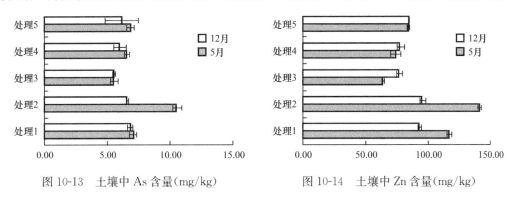

图 10-13　土壤中 As 含量(mg/kg)　　　　图 10-14　土壤中 Zn 含量(mg/kg)

Cu、Ni 是植物生长必不可少的元素，由图 10-15 可知，5 月和 12 月土壤 Cu 含量最大值均出现在处理 2，分别为 64.33mg/kg、60.55mg/kg，最小值均出现在处理 3，分别为 32.67mg/kg、39.14mg/kg。各处理土壤 Cu 含量均小于 CK 对照（63.29mg/kg）土壤在 5 月和 12 月处理 1、处理 2、处理 3、处理 5 土壤 Cu 含量差异显著，其中处理 1、处理 2、处理 4 分别降低 3.13mg/kg、3.77mg/kg、0.12mg/kg；处理 3、处理 5 分别增加 6.47mg/kg、9.29mg/kg。

研究表明施用污泥后土壤 Ni 主要累积在表层，受 pH 影响较大。5 月和 12 月各处理土壤 Ni 含量最高出现在处理 2，分别为 28.08mg/kg、25.68mg/kg，最低值出现在处理 4，分别为 14.47mg/kg、15.66mg/kg。处理 2、处理 3 在 5 月和 12 月土壤 Ni 含量差异性显著，除处理 2 外，12 月处理 1、处理 3、处理 4、处理 5 土壤 Ni 含量较 5 月分别增加 2.87mg/kg、1.33mg/kg、1.20mg/kg、0.65mg/kg。各处理土壤土壤 Ni 含量均低于 CK 对照（36.49mg/kg），说明各处理均能降低土壤中 Ni 的含量，但处理 4 降幅最大（图 10-16）。

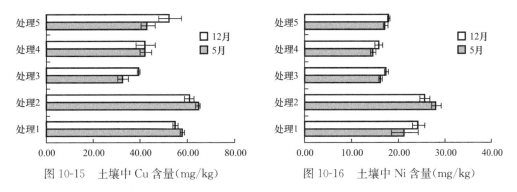

图 10-15　土壤中 Cu 含量(mg/kg)　　　　图 10-16　土壤中 Ni 含量(mg/kg)

10.3.4　污泥施用对土壤安全的影响

试验用地为一般砂质荒地，要求土壤质量基本对植物和环境不造成危害和污染。根据土壤环境质量执行标准的级别规定，II 类土壤环境质量执行二级标准，二级标准值为保障农业生产，维护人体健康的土壤限制值，下表 10-7 为各种重金属元素的国家土壤环境质量标准值。

重金属元素的土壤环境质量标准值（mg/kg）　　　　　表 10-7

项目	Cr	Ni	Cu	As	Cd	Pb	Hg
国家土壤二级标准 pH=（5.5~6.5）	水 250 旱 150	80	50	30 40	0.3	80	0.3 0.35

　　根据以上分析可知，各项重金属指标在施用污泥后与未施泥肥的相比，浓度均呈现下降趋势，改良后土壤中各项重金属元素浓度除 Cd、Hg 外，均未达到污染级别。各施泥处理中，土壤重金属 Cd、Hg 受背景值的影响，在处理 2 达到峰值，分别超标 10.34 倍、3.35 倍。应用内梅罗综合污染指数法对各处理土壤污染现状进行综合评价，结果显示，各施泥处理内梅罗综合污染指数均小于对照生土（0.952），其中，处理 1、处理 2 综合污染指数较高，分别为 0.8537、0.9360，污染程度达到警戒级，但作物尚未受到污染；处理 3、处理 4 内梅罗综合污染指数分别为 0.6001、0.6922，属安全级别，土壤清洁，见表 10-8。

　　综合以上分析，当污泥容积量为 20%（处理 3）时，土壤重金属污染综合污染指数最低，污泥施用对土壤的风险最小。因此，只要在土壤的环境容量以内，控制污泥的施用量，严格控制城市污水污泥中的重金属含量，由污泥堆肥后施用于种植狼尾草土壤是能够达到土壤质量标准要求的。

不同施泥梯度处理下土壤重金属污染综合评价　　　　　表 10-8

样地编号	Cr	Ni	Cu	As	Cd	Pb	Hg	综合污染指数
处理 1	0.6376	0.2669	1.1536	0.1773	4.657	0.3092	1.0146	0.8537
处理 2	0.7458	0.351	1.2865	0.2639	6.2043	0.4563	1.6744	0.9360
处理 3	0.4695	0.2013	0.6534	0.1392	2.1641	0.1937	0.6089	0.6001
处理 4	0.5402	0.1808	0.8370	0.1652	2.3564	0.2132	0.6661	0.6922
处理 5	0.4477	0.2150	0.8614	0.1724	2.6396	0.2647	0.9451	0.7899
对照 CK	0.8023	0.4562	1.2658	0.2787	6.0312	0.342	1.7721	0.9526

10.4　狼尾草生物量及重金属含量

10.4.1　生物量分析

　　从图 10-17 可以看出，随着污泥施用量的增加，狼尾草的生产量均呈上升趋势。其中，第一茬和第二茬狼尾草生产量最高均出现在处理 4，分别为 6.49kg/m²、11.90kg/m²；最低值均出现在处理 1，分别为 4.08kg/m²、8.73kg/m²。各施泥组中狼尾草第一茬生产量较第二茬分别增加 4.65kg/m²、5.38kg/m²、5.47kg/m²、5.41kg/m²，增幅均大于施用有机肥（3.17kg/m²）和对照生土（2.26kg/m²），结果表明各施污泥处理均对狼尾草的生长均有促进作用，这种促进作用主要由于城市污泥中含有大量的有机质氮磷钾等营养物质。但污泥作为一种缓释肥料，其肥力需要在较长的时间内才能显现，短期内效果不明显，因此，不易多次施用污泥，应在收获割刈后让其继续多次生长，增加其分蘖数，从而进一步提高狼尾草的生产量。

从图 10-18 可以看出，在各施泥组中，随着施泥量的增加，狼尾草株高呈现上升趋势。各施肥处理狼尾草株高均高于 CK 对照处理下狼尾草株高，其中峰值出现在处理 4，株高为 260.40cm，是对照的 1.44 倍；与对照相比，处理 1、处理 2、处理 3、处理 5 狼尾草株高分别是 CK 对照的 1.33 倍、1.35 倍、1.39 倍、1.34 倍；与处理 5（有机肥）相比，施用污泥能够显著提高狼尾草的株高长势，但污泥的施用量还需考虑土壤的环境风险。试验结果显示，随着污泥施用量的增加，各处理狼尾草单株分蘖数呈上升趋势，分别为 6.20、6.80、7.50、8.90，与狼尾草株高的变化趋势一致，均高于处理 5（有机肥）和 CK 对照。因此，合理施用污泥能增加狼尾草的分蘖数促进狼尾草的生长，进一步提高生物量。

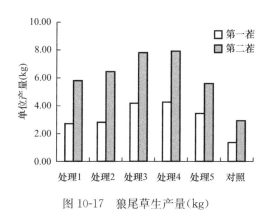

图 10-17　狼尾草生产量(kg)

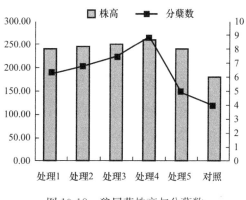

图 10-18　狼尾草株高与分蘖数

10.4.2　植株重金属含量

城市污泥中的重金属是影响污泥土地利用的主要障碍，从表 10-9 可知，各施泥处理狼尾草重金属 Cr、Cd 含量均低于 CK 对照，而施用有机肥（处理 5）后，狼尾草重金属 Cr、Cd 均含量高于对照；随着施泥量的增加，各处理狼尾草重金属 Cr、Cd 含量呈现下降趋势。说明污泥的施用降低了狼尾草对重金属 Cr、Cd 的吸收，这与前人研究相反，主要原因污泥施用后的混配介质重金属 Cr、Cd 含量均有一定下降，所种植狼尾草对其吸附量降低。

各处理狼尾草重金属 Ni、Hg、As 含量均低于对照，与施用有机肥（处理 5）相比，施用污泥可降低狼尾草中重金属 Ni、Hg 的含量，但当污泥施用体积为 30%（处理 5）时，狼尾草重金属 Ni、Hg 含量有升高趋势；重金属 As 含量随污泥施用量的增加而增加，当污泥施用容积量为 30%时，狼尾草重金属 As 含量呈下降趋势。各施泥处理狼尾草重金属 Pb 含量均低于对照（0.0281mg/kg），说明施用有机肥和污泥均可降低所种植狼尾草体内重金属的含量。施用有机肥（处理 5）的狼尾草重金属 Pb 含量值最高（0.0254mg/kg），而施泥处理 4 中 Pb 含量最低（0.0158mg/kg）。

在各施肥处理后所种植的狼尾草中，重金属 Cr、As、Cd、Pb、Hg 含量均低于《饲料卫生标准》GB 13078—2017 限值，其中重金属 Cr、Cd、Pb、Hg 含量更为明显，远低于标准限值。国家饲料卫生标准对植物中 Cu、Zn 含量均无限定，但 Cu、Zn 是动物的必需元素，由于植物性饲料中 Cu、Zn 含量较低，需要在饲料中额外补充。各污泥处理的狼尾草可作为饲养牛、猪、羊等草食动物的青贮饲料，但污泥施用后，其植物生长的影响持续时间较长，还需对狼尾草体内重金属含量的变化后期跟踪监测。

狼尾草重金属含量（单位：mg/kg）　　　　　　　　　　　表 10-9

样品编号	Cr	Ni	Cu	Zn	As	Cd	Pb	Hg
处理 1	0.2555	0.0434	0.3184	1.2346	0.0285	0.0381	0.0213	0.0029
处理 2	0.2306	0.0390	0.3236	1.2347	0.0297	0.0331	0.0225	0.0027
处理 3	0.2164	0.0381	0.3050	1.2638	0.0311	0.0318	0.0179	0.0021
处理 4	0.2092	0.0389	0.2994	1.1851	0.0271	0.0314	0.0158	0.0025
处理 5	0.2852	0.0427	0.3623	1.4651	0.0351	0.0433	0.0254	0.0032
CK 对照	0.2832	0.0474	0.3711	1.5081	0.0382	0.0383	0.0281	0.0038
标准	≤10	—	—	—	≤0.5	≤10	≤5.0	≤0.1

10.4.3　污泥施用对狼尾草重金属富集系数的影响

重金属富集系数可以反映植物对重金属富集程度的高低和富集能力的强弱，植物中某重金属富集系数越大，说明该金属的潜在迁移性越强（或生物有效性越高）。从图 10-19 可知，各施污泥处理中，狼尾草地上部分重金属富集能力大小均表现为：Cd＞As＞Zn＞Hg＞Cu＞Cr＞Ni＞Pb；而对照 CK 狼尾草地上部分重金属富集能力表现为：As＞Cr＞Zn＞Hg＞Cu＞Cr＞Ni＞Pb，其中，各处理 Cu、Cr、Ni、Pb 四种金属的富集系数处于同一个数量级 10^3。在各施泥处理中的狼尾草对重金属 Zn、Hg、Cu、Cr 的富集系数均大于对照 CK，小于处理 5（有机肥）。各施泥处理中，狼尾草重金属 Cd 富集系数差异较小，但均高于对照 CK（0.0211）。狼尾草重金属 As 的富集系数在对照 CK 中最高（0.0382），在处理 4 中最低（0.0271）。而重金属 Ni、Pb 的富集系数随着污泥施用量的增加，无显著变化规律。

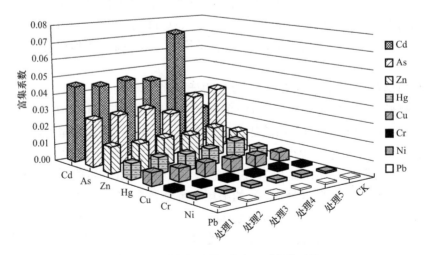

图 10-19　不同处理狼尾草重金属富集系数

综合以上分析表明，除重金属 As，各施泥处理狼尾草重金属元素富集系数均大于对照 CK，说明施用污泥处理后能够提高狼尾草对重金属的吸附能力，但数据分析表明，各施泥处理狼尾草重金属富集系数较小，对土壤重金属净化效果不明显，可能与种植茬数较少、时间较短有关。已有研究表明，植物对重金属的吸附能力受环境因素、生理因素、吸收时期、吸收部位以及重金属浓度和形态等诸多因素的影响，所以，狼尾草对重金属的吸附效果的研究还需在后期继续探讨。

10.5 小结与讨论

城污泥施用于种植狼尾草的砂质荒地土壤后，能有效增加土壤中有机质、全氮、全磷、全钾含量，这与大部分研究结果一致。污泥施用量与有机质、全氮、全钾、总盐分含量呈正相关关系，相关系数分别为 0.972、0.950、0.998、0.998。与对照样地相比，当污泥施用体积量为 10%、15%、20%、30%时，土壤中有机质、全氮、全磷、全钾、总盐分含量分别增加 2.30～3.78 倍、4.52～6.55 倍、3.89～5.79 倍、2.50～3.91 倍、72.75～102.09 倍。与对照生土相比，施用污泥后提高了砂质荒地土壤 pH，有助于植物生长，但土壤总体呈酸性。当污泥施用容积量小于 30%时，各处理阳离子交换量均低于对照。相关研究表明，土壤阳离子交换量随介质 pH 的升高而增大，与本次实验结果存在差异，可能受污泥的质地、有机质含量以及之间复合情况的影响。

与对照相比，施用城市污泥后，各处理土壤中的重金属含量均呈现下降趋势，这与已有研究存在一定差异。由于研究区域土壤重金属自然背景值较高，而所施污泥重金属含量远低于我国污泥土地利用的国家标准（CJ/T 309—2009）。将脱水污泥与土壤混合后，较大幅度地降低了处理后混合土壤中重金属的含量。5 月和 12 月两次采样监测发现，重金属各元素含量的最高值均出现在处理 2，最低值均出现在处理 3，说明一次性施用污泥容积量控制在 20%及以下较为合适，超过 20%时，重金属含量呈现增加趋势。当污泥施用容积量大于 15%时，12 月土壤重金属 Cr、Cd、Pb、Hg、Zn、Ni 含量较 5 月显著增加。已有研究认为，污泥经过脱水处理，水分仍然在 70%～80%，随着使用时间的增加，混合后土壤中的污泥颗粒水分持续脱失，重金属浓度增加。当污泥施用量大于 15%时，12 月土壤重金属 As 含量较 5 月有所降低，可能是由于狼尾草吸收的重金属 As 含量较多，而导致即使经过浓缩，处理后的混合土壤重金属 As 含量仍呈下降趋势。

不同污泥施用条件下，重金属 Cr、As、Zn 在狼尾草中的富集系数较高，但均小于 1，对土壤重金属净化吸附效果不明显。各施泥处理狼尾草鲜重、株高、分蘖数较对照均有显著提高，说明污泥施用可促进狼尾草的生长。当污泥施用容积量为 30%（处理 4）时，狼尾草鲜重、株高、分蘖数达到峰值。各施泥处理中，12 月狼尾草鲜重、分蘖数、株高均与污泥的施用量呈显著正相关关系，相关系数分别为 0.954、0.978、0.988。各施泥处理样地第二茬狼尾草鲜重是第一茬的 1.83～2.25 倍，且随着割刈次数的增加狼尾草生物量呈现增加趋势。已有研究表明，城市污泥是一种缓释肥料，其肥力效果需要在一段时间之后才能显现。所以第二茬产量显著高于第一茬。各施泥处理条件下狼尾草重金属吸附效果、生产量、株高等指标还需在今后持续监测。

第 11 章　海口市龙华区谭丰洋底泥利用工程设计

11.1　项目区地理位置及乡镇概况

11.1.1　地理位置

本项目位于新坡镇，新坡镇位于海口市龙华区南部，距省会城市海口 23km，是海口的南大门，其东隔江与琼山旧州镇相望，南面以南渡江南岸距定安县城划江为界，西与遵谭镇相连，北接龙泉镇，是个地理位置优越交通便捷的乡镇，全镇行政区域为 54.12km²，下辖 13 个行政村，53 个自然村，56 个经济社，总人口 35680 人。境内新坡镇地势总体呈西东向缓坡，地貌可分为沿江阶地地区以及熔岩台地两个区。境内人文景观及自然景观极其丰富，既有驰名省内外得冼夫人纪念馆，又有天造地设、泉水喷涌的"八仙泉"，披红戴绿，怪石嶙峋的"南黎山"。

11.1.2　社会经济

新坡镇全镇共有 13 个村委会，53 个自然村，56 个经济社。该镇是个农业大镇，2010年新坡镇总人口 3.4 万人，城镇人口 0.49 万人，农业人口 2.91 万人。2010 年新坡镇生产总值 1.92 亿元，种植面积达 2.95 万亩，瓜菜种植面积达 2.6 万亩，蔬菜总产量 3.5 万吨，农民人均收入 4420 元。2011 年新坡镇被海口市委市政府确定为十个中心镇之一。根据《海口市龙华区新坡镇控制性详细规划》，新坡镇应以农业产业化为基础，以文化体验、农业观光和体育休闲为主体功能，形成"一心、两轴、三区"的空间布局。

11.1.3　土地利用

根据现状调查结果统计，全镇耕地面积 27619 亩，其中：水田 17935 亩，旱地 3912亩；园地面积 2713 亩。

11.2　项目区自然条件

11.2.1　地形地貌

项目区位于南渡江左岸，为熔岩台地区。整个项目地形总体趋势为西高东低，北高南低。区内最高处海拔高度 30.71m，最低 10.01m，大部分地势坡度在 1°～10°。

11.2.2　气象

项目区地处低纬度热带北缘，属于热带海洋性季风气候区。年平均气温 24.7℃；1 月平均气温 18.4℃，极端最低气温 2.8℃；7 月平均气温 29.1℃，极端最高气温 38.9℃。降雨丰沛，年平均降水量 1664mm，5 月至 10 月为雨季，雨量占全年的 78%；11 月至翌年 4 月为旱季，雨量仅占全年的 22%。全年日照时间长，辐射能量大，年平均日照时数 2069h。年平均蒸发量 1834mm，平均相对湿度 85%。常年以东北风和东南风为主，年平均风速 3.4m/s。气候特点为春季温暖少雨多旱，夏季高温多雨，秋季湿凉多台风暴雨，冬季干旱时有冷气流侵袭带有阵寒，夏秋季受热带气旋影响，年均台风 2 至 4 次。项目区自然灾害主要是台风、暴雨、春旱等，每年对农业生产均造成较大的影响。

11.2.3 土壤

项目区西部土壤为玄武岩石质土，石质土多石头，土层浅薄，保水肥性差，土壤贫瘠，有机质少，但矿物质、微量元素含量高，主要是硒元素和锗元素；东部土壤除水田部分为水稻土，其余以砂壤土为主，土层较厚，肥力中等。

11.2.4 植被

项目区植被以灌木草丛为主，天然植被主要为南方热带地区常见的野生灌木草丛植物种群。主要植被为稀树灌木群落，主要有沙萝树、榕树、海棠、荔枝等；人工植被由热带区系植物的各种栽培种组成，如桉树、木麻黄、樟树、相思、棕榈、橡胶、油棕、竹子和花卉等经济林和园林树种，以及龙眼、荔枝、椰子、杨桃、香蕉等热带亚热带果树树种。植物四季常绿，种类繁多。主要的植物种类中，粮油类有水稻、玉米、薯芋、豆类、芝麻等；瓜菜类有各种瓜类、青菜类、茄类、椒类和葱蒜等；水果类有龙眼、菠萝、柑橘等；经济作物类有橡胶、椰子、咖啡、甘蔗等；棉麻类有海岛棉、木棉、红麻、剑麻等；竹类有麻竹、黄竹、石竹、金竹等；林木类有木麻黄、桉树、相思树、海棠等；草灌木类有席草、白茅、竹节草、野牡丹等；花草类有茉莉、菊花、杜鹃、大丽等；水生植物类有江篱、马尾藻、水浮莲、红萍等；中草药类有土花椒、黄牛茶、穿破石、了哥王等。

11.2.5 水文与水文地质

项目区年平均径流深 890mm，径流年内分布不均匀，汛期占全年径流量的 85%。项目区地下水以玄武岩孔隙裂隙潜水为主，地下承压水处于雷琼盆地，含水总厚度达 200～350m。由于岩石破碎，气孔、气洞发育，而地表风化土较少，火山岩的透水性较好，渗漏速度快，地表留不住水，大气降雨直接渗入地下，因此项目区内旱坡地长期缺水，唯有低洼处和边缘地区有地下水出露或排泄。虽然地表缺水，但地表水在向下渗透的过程中，不断得到净化和矿化，最终形成含有多种矿物质和丰富微量元素的优质矿泉水，水中的偏硅酸和锶等成分，均为有益于人体的物质，长期饮用健康长寿。

11.2.6 区域地质与工程地质

项目区火山岩台地，属第四纪更新以后的火山喷出地区，地势呈波状起伏，由气孔状、致密状橄榄玄武岩、橄榄拉斑玄武岩、火山啐屑岩等组成。岩石以物理风化为主，化学风化程度轻微，表层可见薄层碎石、块石和土的混合堆积物。项目区地层按其性状和力学特征分为岩体和土体，区内岩体有第四系火山喷发玄武岩，土体有岩体的残坡积土层。

项目区内大面积分布岩性为灰、深灰色玄武岩、气孔状橄榄玄武岩、气孔状橄榄拉斑玄武岩等，风化程度浅，残积土层不发育，岩石普遍裸露，岩石裂隙极为发育，岩石的力学强度与本身的风化程度及气孔的发育程度关系甚大。

11.2.7 自然灾害

项目区的气候条件对农作与热作生产是很有利的，但由于气象要素的时空分布不均匀，致使项目区所处的地区在不同时期会出现不同程度的气象灾害，主要包括干旱、台风、暴雨等。

干旱：主要表现为冬旱与春旱，可使农作物受到很大的损害，是水稻、瓜菜大幅度减产的主要原因，项目所处地区多年平均春旱日可高达 100 余天，因此，要加强水利设施的建设，确保灌渠通畅。

台风和暴雨：台风是晚稻产量不稳的主要原因，影响项目区的台风最早出现在 7 月份，最迟在 10 月份。暴雨对农作、热作及水产养殖是不利的，尤其是连续出现的暴雨可导致严重的洪涝灾害并与台风孪生，以致房屋渠堤遭受毁坏，给人民群众的生命财产造成严重损失。往往是台风伴随暴雨，更加剧对项目区的危害。

11.3 土地利用限制因素及对策

11.3.1 土地利用主要限制因素

项目区由于长期投入不足存在诸多土地利用限制因素，主要包括以下几个方面：

1. 干旱、风灾及洪涝灾害频繁

项目区的气候条件对农作与热作生产是很有利的，但由于气象要素的时空分布不均匀，致使项目区所处的地区在不同时期会出现不同程度的气象灾害，主要包括干旱、台风、暴雨等几种。干旱主要表现为冬旱与春旱，可使农作物受到很大的损害，是水稻、瓜菜大幅度减产的主要原因。项目所处地区多年平均春旱日可高达 105d。因此，要加强水利设施的建设，确保灌渠通畅。台风是晚稻产量不稳的主要原因，影响项目区的台风最早出现在 5 月份，最迟在 11 月份。项目区多暴雨、洪水，每遇洪水，常导致农田、村庄被淹没，地面大面积积水，排水不畅，形成内涝。在暴雨多发季节，由于农田内排水设施不完善，排水不畅等，导致晚稻不能种植，影响一季收成，粮食大面积减产，甚至绝收，严重影响耕地生产潜力的开发。

2. 部分地区工程性缺水

项目区虽降雨丰沛，但水资源时空分布不均，存在工程性缺水问题，季节性缺水和局部性缺水严重。每年的 11 月到翌年 4 月为灌区枯水期，来水量减少，而随着冬季瓜菜基地的建设，灌区不断扩大反季节蔬菜、瓜果的面积，进而加剧了灌区这一时期的供水压力，导致供水紧张。区内有相当数量的坑塘水面以及沃宋干沟、长钦塘可作为提水灌溉，现状区内地势较高的地块，由于缺乏提水工程，灌水困难，普遍存在弃耕丢荒现象。

3. 现有基础设施老化，配套不完善

项目区已衬砌的沟渠，部分年久失修，设施老化严重。田间灌排设施不配套，布局不合理；田块规模小、不规则，田块内高低不平；田间道路体系不完善，机械作业受到限制，影响土地利用率及生产效率，难以为现代农业的规模化经营提供平台，农民增产增收的空间受到制约。

4. 用地布局不合理

由于缺乏技术和资金的支持，项目区用地布局不合理，特别是农业种植结构缺乏科学系统的规划。农业生产没有科学的引导，农业发展仍是"小农"思想，存在随意性、盲目性，农业产业难成规模化，不能形成良好的品牌效益，应对市场能力低下，最终导致当地农业产业不突出，农业发展缓慢，农村经济滞后。

11.3.2 改善措施

针对项目区的土地利用限制因素，结合土地整治的要求，采取以下措施予以改善：实施土地平整工程：由于区内相当部分田洋田块规模小、不规则，田块内高低不平，影响土地利用效率及农业生产效率，需进行土地平整，小田并大田。完善灌排水利设施：针对项目区工程性缺水问题，通过土地整治，全面规划建设蓄水、调水、提水工程，解决灌溉水源不足问题，完善灌溉系统。完善田间灌排渠沟，衬砌渠系，开挖排水沟，配套渠系建筑物。新修 6 座电灌站，解决高地灌水困难、工程性缺水的问题。新建和拓宽深挖沃宋干沟，重建青年拦水坝，新建田间排水沟，完善排水系统。完善田间道路系统：合理安排耕作田块布局，合理构建快捷、方便的交通路网，提高农田通行能力，对路面通行差的道路进行整修、硬化。发展特色农业产业：特色农业是海口市农业发展的主要方向。现状水田轮作制度主要为双季稻、稻—稻—薯、稻—稻—菜等模式。按照农业产业发展要求，结合项目实施，利用国家政策支持的资金，在配建农田基础设施的同时，调整农业结构后，冬季瓜菜的种植面积将大大增加，一年三熟的种植结构将以稻—稻—菜形式为主，引导当地农业产业发展。

11.4 建设标准

考虑不同类型区域，以重大工程建设目标为基础，结合《土地整治项目规划设计规范》TD/T 1012—2016、《海南省土地整治工程建设标准（试行）》（琼土环资耕字［2009］17 号）、《海南省海口市南渡江流域整治重大工程建设标准》，确定各项工程建设标准。农田土壤具体建设标准如下：（1）整理后的耕作田块土层厚度、土壤理化性状须满足作物生长发育要求。原有耕地土壤质量应不低于整理前土壤质量标准。新增水田耕作层厚度应不小于 20cm，旱地耕作层厚度不小于 25cm。（2）土地平整工程应尽量减少对耕作层的破坏。动土区域面积较大，土壤肥沃，挖填厚度大于 20cm 时，须对动土区域耕作层实施剥离与回填。表土剥离厚度为 30cm，水稻田以耕作层为剥离对象。表土剥离过程中，回填土壤应达到剥离表土土壤的 90% 以上。

11.5 土地平整工程

本土地平整工程分梯田区土地平整工程、新增耕地区客土回填工程及谭丰洋、谭成洋耕地客土回填工程。（谭丰洋、谭成洋耕地客土回填工程部分设计由轻工业环境保护研究所/北京北科土地修复工程技术工程中心完成）

土地平整工程分两期实施，一期为谭丰洋耕地客土工程、旧村杨及沃宋村周边田洋梯田区土地平整工程；二期为谭成洋耕地客土工程（包括清土石），新增耕地客土工程（包括清土石）。

11.5.1　梯田区土地平整工程

区内的旧村洋及沃宋村周边田洋现状为较为零碎的梯田，田块小，田坎多，不利机耕，不利于规模化生产与经营，土地利用率低，造土地利用效益低下，且不利于灌排设施的布置，因此急需进行整理、归并，使小田并大田。此外通过田坎整理，还可增加耕地面积。平整后的土地修筑为规整的水平梯田，田面宽 20～40m，长 60～120m，每块梯田约 2.5～8 亩。土地平整后，可改善耕地表面平整度、优化灌水条件、优化田块耕作方向、调整田块形状和大小，提高耕地质量，增加有效耕地面积，改善农业生产条件。同时，通过在田块内部设置格田，不但可以满足不同作物的种植需要，还可方便农业种植结构调整，满足现代农业和特色农产品的种植要求。

1. 土地平整分区

为保证规划耕地区域的规模化、集约化生产，提高土地生产率，达到"田成方"的要求，平整分区时结合现状地形条件、农业生产需要、权属情况及方便农民生产等因素进行，本次设计共分 6 个土地平整地块，主要位于项目区东部的旧村洋及沃宋村周边田洋等田块。

2. 土方计算

（1）典型地块土方量计算

典型地块土方量采用方格网法利用计算机进行平整土方量的计算，格网大小为 10m×10m，则格网面积 $A_格$ 为 100m²。利用计算机分别计算出格网交点处地面标高与设计高程的高差值 n_1、n_2、n_3、n_4，则：

$$V_格 = (n_1 + n_2 + n_3 + n_4) \times A_格 / 4 \tag{11-1}$$

田块平整土方量：
$$V_田 = \sum V_格 \tag{11-2}$$

项目区土方平整地块面积汇总见表 11-1。

项目区土方平整地块面积汇总表　　　　　　　　　　　　表 11-1

地块编号	平整面积（m²）
梯田平整地块 1	70709
梯田平整地块 2	72387
梯田平整地块 3	80544
梯田平整地块 4	101967
梯田平整地块 5	118649
梯田平整地块 6	78307
合计	522563

根据项目区地形，选择平整地块 4 作为典型地块，其平整土方计算见表 11-2。

典型地块（地块4）土方平整计算表　　　　　　　　表 11-2

格田编号	平整后地块高程（m）	平整面积（m²）	平整填方（m³）	平整挖方（m³）	表土剥离30cm（单次量）（m³）
1号	11.43	2163.3	295.3	469.7	648.99
2号	12.4	3989.1	827.4	596	1196.73
3号	11	3478.8	164.8	296.8	1043.64
4号	11.1	3154.9	354.2	260.1	946.47
5号	11.2	4953.8	765	700.1	1486.14
6号	10.8	2428.1	292	323.4	728.43
7号	13.1	3767	469.7	594.3	1130.1
8号	12.2	2504.2	483.7	326.4	751.26
9号	11	5130.5	722.8	611.6	1539.15
10号	10.8	4292.3	392.3	229.7	1287.69
11号	10.75	5181.3	402.6	338.1	1554.39
12号	14	3818.4	372.5	300.2	1145.52
13号	13.7	2639.5	477.2	548.3	791.85
14号	12.7	2373.9	521.2	418.6	712.17
15号	12.2	2481.6	654.1	515.2	744.48
16号	13.3	6079.1	1077.6	1035.7	1823.73
17号	12.1	6127.5	1061	948.2	1838.25
18号	10.75	7088	888	893.9	2126.4
19号	12.9	3120.7	240.9	279.7	936.21
20号	12.13	3434.3	697.9	625.6	1030.29
21号	10.9	5725.3	1046.7	1189.7	1717.59
22号	12.35	2273.7	233.8	335.1	682.11
23号	11.35	2467.8	385.4	519.8	740.34
24号	12.6	3932.4	322	269.5	1179.72
25号	12.6	2308.1	278.1	317.6	692.43
26号	11.5	2258.5	464.1	508.4	677.55
27号	12.2	2267.4	478.3	444.7	680.22
28号	12.9	2527.2	525.8	459	758.16
总计		101966.7	14894.4	14355.4	30590.01
推算每公顷平整土方量（m³）			1460.71	1407.85	
平整面积（m²）		522563			
合计土方量（m³）			76331.30	73569.03	156768.90

（2）土地平整土方总量计算

平整地块 4 的面积为 1046747m²，推算每公顷平整土方量：填方为 1460.71m³，挖方为 1407.85m³，以此数量乘以每个平整地块的面积，得出各个土地平整地块的土方量，汇总后得出土方总量，见表11-3。

田区土地平整土方总量表　　　　　　　　　表 11-3

地块编号	平整面积(m²)	平整填方(m³)	平整挖方(m³)	表土剥离 30cm(单次量)（m³）
梯田平整地块 1	70709	10329	9955	21213
梯田平整地块 2	72387	10574	10191	21716
梯田平整地块 3	80544	11765	11339	24163
梯田平整地块 4	101967	14894	14355	30590
梯田平整地块 5	118649	17331	16704	35595
梯田平整地块 6	78307	11438	11024	23492
合计	522563	76331	73569	156769

（3）表土剥离

为了保护原有耕作层，使其不在土地平整或坡改梯时被破坏，故在土地平整工程实施前先对区域内原有耕地部分进行表土剥离，待土地平整工程完成后，再将表土推覆。田间表土剥离厚度为 30cm。

3. 土地平整施工

梯田区土地平整工程做法为：清除地上灌木、杂草；剥离表土 30cm，并推至一旁堆放；按设计高程进行土方平整；平整完后，运回表土覆盖。

11.5.2 新增耕地客土回填工程

1. 新增耕地土壤现状

本项目新增耕地主要来源为其他草地，现状这些地块土壤为玄武岩石质土，石质土多石头，土层浅薄，大部分土层厚度不到 10cm，为使其他草地改造为耕地，需对其进行清石整治和客土回填。

2. 客土回填土方

根据其他草地土层现状，本次设计客土回填厚度为 45～50cm，客土回填应清理外露的漂石，然后进行田面平整，在田面平整度达到要求后，在进行客土填充，所需要回填的客土量为 14640m³，考虑到客土土料的沉降系数，实际客土用量为 16397m³。位置见平面图的新增耕地平整地块 1、2、3、4，客土回填工程量见表 11-4。新增耕地地块挖方量按清石方：挖石方：挖土方比例为 5：2：3 计算；平整后挖出的土方可以就近用于回填，不弃土；本次客土后的沉降系数按照 1.12 计算。

新增耕地客土回填工程量汇总表　　　　　　　　表 11-4

序号	名称	面积(m²)	总挖方(m³)	清石方(m³)	挖石方(m³)	挖土方(m³)	填方(m³)	沉降后填方(m³)
1	新增耕地平整地块 1	7473	2242	1121	448	673	2989	3348
2	新增耕地平整地块 2	1505	452	226	90	135	602	674
3	新增耕地平整地块 3	23852	7156	3578	3578	2147	9541	10686
4	新增耕地平整地块 4	3770	1131	566	566	339	1508	1689
合计		36600	10980	5490	4682	3294	14640	16397

3. 客土回填土方调配

依据土源，本项目新增耕地客土由海口市南片区取土场取土，运距为51km。

11.5.3　谭丰洋、谭成洋耕地客土回填工程

由于谭丰洋耕地在上游无排水设施，经长期的洪水冲刷，导致目前局部耕地土层较薄，而且在通往田洋的新建水泥路两侧已经有成片裸露的岩石，大片耕地无法耕种。谭成洋在天然气管线南侧大面积的岩石裸露，土层极薄，已经撂荒多年，在天然气管线北侧，土层厚度在5~15cm，局部有裸露的成片岩石。因此，需要对这部分田块进行清石和客土回填。

根据地质普查，谭丰洋土层厚度及场地特征共划分四个地区，各地区特征分述如下：A1区：为土层区，土层为黏土，厚度分布不均匀，土层厚度为0.22~0.45m。有机质含量1.0%~1.5%。有分散碎石、孤石出露。A2区：为土层区，土层为灰黑色黏土，局部探孔下部、田埂附近为砂土，局部有孤石和碎石出露。A2区属农田种植地，是较理想的农业土壤。A3区：为浅土层区，土层为灰黑色黏土，土层分布不均匀，土层厚度为0.10~0.50m。A4区：为岩石区。岩石为玄武岩，呈孤石出露，大小一般在0.20~1.50m，局部地段成片出露。孤石间隙之间充填少量灰黑色黏土，土层较薄，土层厚度为0.02~0.10m。谭成洋土层厚度及场地特征共划分五个地区，各地区特征分述如下：

B1区：分布于谭成洋东南侧，为孤石分散出露区，局部地段为灰黑色黏土，土层较薄，土层厚度为0.01~0.04m。B2区：为土层区，土层为灰黑色黏土，中间有一片孤石和碎石出露。该区属农田种植地，是较理想的农业土壤。但是田地不完整，间接性出露岩石地段较多，土层厚度为0.10~0.20m。B3区：为孤石分散出露区。呈孤石出露，大小一般在0.20~1.50m，孤石间隙土层较薄，厚度为0.03~0.05m，局部没有岩石地段为灰黑色黏土，厚度为0.20~0.30m。B4区：为孤石分散出露区，大小一般在0.20~1.50m，局部地段为黏土，土层厚度为0.01~0.03m，局部厚度为0.20m左右。B5区：为土层区，土层为灰黑色黏土，该区属农田种植地，是较理想的农业土壤。田地完整连片，土层厚度约0.10~0.30m。局部有孤石和碎石出露。

根据地表清理类型将谭丰洋和谭成洋耕地客土回填工程区划分为2个清理类型区域：①清土石混合区（该类型区土层较薄且含孤石或石块，目前部分地块农户采用人工耕作，土层厚度在5~15cm；在谭成洋地表土层较薄且含有一定量的石头，但土层不具备耕作层的要求，地表主要以土石混合状态）和②清石区（该类型区无土层，主要为裸露的成片玄武岩）。清土石混合区在施工前应先清理外露的漂石，再进行客土回填，多余土量用于田块内回填和田块间调配，田块内回填土量不够时采用外运的客土进行补充；清石区表面为杂石碎石或成片的岩石，清石后全部用河塘底泥处理后或者利用海口南片区客土进行回填。为保证规划耕地区域的规模化、集约化生产，提高土地生产率，达到"田成方"的要求，平整分区时结合现状地形条件、农业生产需要、权属情况及方便农民生产等因素进行，根据统计，清土石混合区面积为142.29hm²，共分为17个地块，清石区面积为37.815hm²，共分为8个地块，局部清土石混合区和清石区重叠。

1. 清土石混合区平整工程

清土石混合区地块土方量采用方格网法利用计算机进行平整土方量的计算，格网大小

为 10m×10m，则格网面积 $A_格$ 为 100m²。利用计算机分别计算出格网交点处地面标高与设计高程的高差值 n_1、n_2、n_3、n_4，则：

$$V_格 = (n_1 + n_2 + n_3 + n_4) \times A_格 / 4 \tag{11-3}$$

田块平整土方量：
$$V_田 = \sum V_格 \tag{11-4}$$

详细清土石混合区土地平整的土方统计及土方调配结果见表 11-5。清土石混合区挖方量按清石方：挖石方：挖土方比例为 5：4：1 计算；结合客土土料沉降基本特征，本次客土的沉降系数按照 1.12 计算，由于客土田块 3 和客土田块 13 的地面高程较高，现有的灌渠高程限制，本次设计只进行平整和清石，不再客土。

清土石混合区土地平整土石方量统计表　　　　表 11-5

田块编号	总面积 (m²)	挖方量 (m³)	清石方 (m³)	挖石方 (m³)	挖土方 (m³)	填方量 (m³)	需要客土量 (m³)	沉降后填方 (m³)
客土田块 1	137352	1426	713	570	143	23636	23494	26313
客土田块 2	97834	7555	3777	3022	755	4990	4235	4743
客土田块 3	84045	9913	4956	3965	991	390		
客土田块 4	53710	1692	846	677	169	13157	12987	14546
客土田块 5	56958	1202	601	481	120	16216	16096	18028
客土田块 6	16074	9491	4745	3796	949	6357	5408	6057
客土田块 7	75241	41	21	17	4	22354	22349	25031
客土田块 8	72527	1505	752	602	150	3809	3658	4097
客土田块 9	82038	4401	2200	1760	440	9318	8878	9944
客土田块 10	83046	18358	9179	7343	1836	6237	4401	4929
客土田块 11	94933	7750	3875	3100	775	13384	12609	14122
客土田块 12	30277	1051	525	420	105	3030	2924	3275
客土田块 13	58231	18835	9418	7534	1884	144		
客土田块 14	149162	9808	4904	3923	981	7343	6362	7126
客土田块 15	114349	984	492	394	98	17653	17554	19661
客土田块 16	116262	414	207	166	41	18983	18942	21215
客土田块 17	100897	2027	1014	811	203	21686	21483	24061
合计：	1422934	96454	48227	38582	9645	188686	179040	203147

2. 清石区平整工程

清石区表面大部分为杂石碎石，局部有成片的岩石，清石后全部用南片区土料作为客土进行回填。在谭成洋目前有几百个以前农户种植时清理漂石后堆积的石堆，经实地踏勘和测绘计算，约有石方 54940m³。根据计算，清石区共需清石 168386m³，其中清石地块中的清石体积全部用客土填补，需客土回填 113446m³，考虑客土的沉降稳定等因素，需要客土量为 127060m³，具体详细土方统计见表 11-6。清石区挖方量按清石方：挖石方比例为 1：1 计算；结合客土土料沉降基本特征，本次客土的沉降系数按照 1.12 计算。

清石区土地平整土方统计表　　　　　　　　　表 11-6

序号	名称	面积 (m²)	总挖方 (m³)	清石方 (m³)	挖石方 (m³)	填方 (m³)	沉降后填方 (m³)
1	清石地块 1	34260	10278	5139	5139	10278	11511
2	清石地块 2	66251	19875	9938	9938	19875	22260
3	清石地块 3	172988	51896	25948	25948	51896	58124
4	清石地块 4	6100	1830	915	915	1830	2050
5	清石地块 5	29340	8802	4401	4401	8802	9858
6	清石地块 6	56450	16935	8468	8468	16935	18967
7	清石地块 7	7930	2379	1190	1190	2379	2664
8	清石地块 8	4835	1451	725	725	1451	1625
9	谭成洋清石堆		54940	54940			
合计		378154	168386	111663	56723	113446	127060

3. 客土回填土源设计

谭丰洋、谭成洋客土回填工程所需客土量来源有二部分，第一部分是由海口市南片区取土场取土，运距为 51km。南片区总面积为 6031.75 亩，已征收约 4000 亩，可取土方量 250 万 m³。第二部分由南渡江流域重大工程项目的塘柳塘、苍原沟 2 条防洪排涝治理工程清挖的约 6 万 m³ 疏浚底泥，距本项目区约 13km。将疏浚底泥经生态改造成"人工土壤"替代传统客土法，既可实现底泥资源化利用，同时还能达到降低工程造价的目的。客土工程分两期实施，其中一期客土工程为利用塘柳塘和苍原沟的 6 万 m³ 底泥处理后作为回填土，覆盖至谭丰洋客土地块 1、2、4、5，少量不足部分有海口市南片区提供土料。二期客土工程为谭成洋和新增耕地客土工程，利用海口市南片区土料客土。

（1）底泥利用技术可行性分析

本书前面相关章节就对项目区底泥再利用进行了系统的专项技术开发，目前已经获取了底泥土地利用的成套工程技术，已申请了多项发明专利技术和工程应用软件系统（主要涉及底泥的金属污染改良技术、底泥应用设计系统、不同立地条件下底泥再利用方法、基于土地利用的疏浚底泥资源环境评价系统、底泥制耕作层土壤工程应用设计软件等），为本项目开展底泥资源化利用奠定了非常重要的技术基础。

2012 年 12 月份至 2015 年 4 月份大田试验种植试验可知，海口市南渡江新坡河道底泥制"农田土"多茬（7 茬）、多品种（空心菜、苦瓜、豆角、辣椒等）大田种植实验结果表明：①所构建的耕作层土壤金属可以符合《食用农产品产地环境质量评价标准》HJ/T 332—2006 的相关规定；②经生态处理后底泥所构建的"人工土壤"上种植蔬菜重金属含量可达到现行国家标准的有关规定；③底泥制人工土可以平均增产 15％～20％；④底泥质耕作层土壤肥力较高为 2％以上、全氮为 0.12％以上、速效磷为 100mg/kg 以上、速效钾在 70kg 以上。说明底泥所构建的耕作层可达自然农田土的功能，具有较好的应用推广价值，是一种解决缺土地区土地整治工程中土壤不足的技术模式，为底泥规模化应用奠定了实证案例基础。

（2）疏浚底泥环境质量调查结果分析

河道排涝疏浚工程，对所利用的河道底泥前期进行了系统、全面调查与分析，作为后期应用的基础条件，具体调查的结果分为以下几个方面：①塘柳塘全段底泥 Cr、Ni、Cu、

As、Zn 五种重金属元素均未超标（应用时不需考虑该类元素的修复问题），另外 Pb、Cd 三种元素出现部分超标情况，且均为轻微污染，超标较多为 Cd 元素，底泥环境评价结果认为该河塘底泥整体可以进行土地利用，利用前必须开展针对 Cd 元素的污染土壤修复工作；苍原沟沟道疏浚底泥也存在上述类似情况。②塘柳塘河道底泥有机质含量处于较高水平，为 28.56g/kg，可改良土壤肥力，对农作物生长具有促进作用，具有作为构建土地整治工程中耕作层土壤的优势条件。③从粒径分布数据所利用河塘各个取样点的底泥样品都属于粉砂质壤土，其中黏粒含量均值为 10%～15%，底泥的粗细结构合理，还有部分含淤泥散砂，将上述两者在河道疏浚开挖过程中混合，符合当地自然农田土壤物理结构，能满足作物生长，故进行土壤改造过程中不需要添加外源河沙。综上所述，河道底泥可用于耕作层土壤重建工程，施用重金属可控制安全，开展耕作层重建效果较好。

（3）疏浚底泥调配方案

根据土方统计（见表 11-7、表 11-8），谭丰洋、谭成洋耕地客土回填工程共需要客土 344847m³，由于可利用的底泥只有 60000m³，其余不足部分由海口市南片区取土场取土利用。底泥在施用时需要加入稳定剂用量为 11kg/m³，因此需要稳定剂 66t。

谭丰洋和谭成洋客土回填表　　　　　　　　　　　　　　　表 11-7

序号	名称	单位	数量
1	挖土方	m³	9645
2	挖石方	m³	95305
3	清漂石石方量	m³	159890
4	客土回填（南片区耕植土）土方量	m³	270207
5	客土回填（底泥处理后耕植土）土方量	m³	60000
6	客土回填地块面积	ha²	138.05

项目区客土回填总表　　　　　　　　　　　　　　　表 11-8

序号	名称	单位	数量
1	挖石方	m³	99987
2	平整土方量	m³	156769
3	清漂石石方量	m³	165380
4	客土回填（南片区耕植土）土方量	m³	286604
5	客土回填（底泥处理后耕植土）土方量	m³	60000
6	客土回填地块面积	ha²	141.71
7	土壤稳定剂	T	66

依据项目区防洪排涝工程设计报告，本次设计底泥分别从塘柳塘、苍原沟进行调配，调配量为 60000m³，运输距离均为 13km，利用现有混凝土道路运输至客土区域。

河道疏浚底泥资源量可利用量统计表　　　　　　　　　　　　　　　表 11-9

河道名称	治理长度(km)	含淤泥散砂(万 m³)	运距(km)
塘柳塘	0.9	2.0	13
苍原沟	3.0	4.0	13
底泥总量（万 m³）		6.0	

从上表 11-9 中可看到，本次土地回填底泥 6 万 m³ 从上述河道中进行运输。

4. 底泥构建耕作层土壤典型设计计算

本次设计以清石区客土为典型案例进行计算，以一亩地作为设计单元进行分析，底泥构建耕作层土壤的全部工程量。

（1）典型设计参数：底泥铺设厚度为 30cm，铺设面积 1 亩为 666m²，依据研究结果 1m³ 底泥的稳定剂需要量为 11kg/m³，底泥铺设厚度在 15cm 以上的田块先翻耕一次；再旋耕 3 次。

（2）底泥需要量为 200m³，需要稳定剂量为 2.2t/m³。

5. 客土底泥调配分析

（1）底泥调运

根据《海南省海口市南渡江流域土地整治重大工程南渡江左岸片区农田排涝工程地质勘察报告》，待开挖沟道底塘柳塘、苍原沟底泥总量约为 6 万 m³，所疏浚底泥以淤泥散砂为主；根据本次设计，本着客土源运距短、运输成本低的原则，将塘柳塘、苍原沟的疏浚底泥全部使用量为 6 万 m³，大部分由海口市南片区取土场取土，南片区土料使用量为 28.66 万 m³。

设计单位于对所疏浚河道进行了详细的现场踏勘，充分考虑底泥运输的可操作性及成本控制等因素，制定了底泥运输路线及运距等，具体见表 11-10、图 11-1、图 11-2。

清土石混合区底泥回填与田块对位配置统计表　　　　　表 11-10

序号	地块名称	总面积（m²）	缺客土量（m³）	沉降后填方（m³）	平均铺厚度（m）	客土来源
1	客土田块 1	137352	23494	26313	0.19	塘柳塘＋苍原沟
2	客土田块 2	97834	4235	4743	0.05	苍原沟
3	客土田块 4	53710	12987	14546	0.27	苍原沟
4	客土田块 5	56958	16096	18028	0.32	苍原沟＋南片区
5	客土田块 6	16074	5408	6057	0.38	南片区
6	客土田块 7	75241	22349	25031	0.33	南片区
7	客土田块 8	72527	3658	4097	0.06	南片区
8	客土田块 9	82038	8878	9944	0.12	南片区
9	客土田块 10	83046	4401	4929	0.06	南片区
10	客土田块 11	94933	12609	14122	0.15	南片区
11	客土田块 12	30277	2924	3275	0.11	南片区
12	客土田块 14	149162	6362	7126	0.05	南片区
13	客土田块 15	114349	17554	19661	0.17	南片区
14	客土田块 16	116262	18942	21215	0.18	南片区
15	客土田块 17	100897	21483	24061	0.24	南片区
合计		1422934	179040	203147		—

本项目设计中底泥客土回填具体土方调配运输路线主要分为两条，塘柳塘底泥运输走项目中的东线；苍原沟底泥运输走项目中的西线。具体每个河道底泥与待整治地块底泥回填堆放设计指标见下表 11-11、表 11-12。

图 11-1　塘柳塘现状及疏浚底泥

图 11-2　苍原沟现状及疏浚底泥

清石区客土回填与田块对位配置统计表　　　　　　　　　　　表 11-11

序号	名称	面积 （m²）	回填土方量 （m³）	沉降后填方 （m³）	平均铺厚度 （m）	客土来源
1	清石地块 1	34260	10278	11511	0.34	南片区
2	清石地块 2	66251	19875	22260	0.34	南片区
3	清石地块 3	172988	51896	58124	0.34	南片区
4	清石地块 4	6100	1830	2050	0.34	南片区
5	清石地块 5	29340	8802	9858	0.34	南片区
6	清石地块 6	56450	16935	18967	0.34	南片区
7	清石地块 7	7930	2379	2664	0.34	南片区
8	清石地块 8	4835	1451	1625	0.34	南片区
合计		378154	113446	127060		—

新增耕地区客土与田块对位配置统计表　　　　　　　　　　表 11-12

序号	名称	面积（m²）	填方量（m³）	沉降后填方（m³）	铺厚度（m）	客土来源
1	新增耕地平整地块 1	7473	2989	3348	0.4	南片区
2	新增耕地平整地块 1	1505	602	674	0.4	南片区
3	新增耕地平整地块 1	23852	9541	10686	0.4	南片区
4	新增耕地平整地块 1	3770	1508	1689	0.4	南片区
合计		36600	14640	16397		—

（2）南片区客土调运

南片区土料调运路线为：海榆西线-粤海大道-海榆中线-遵谭镇通往仁南村混凝土路-项目区，运距51km。具体线路见"客土外运土方调配图"。

11.6 主要工程施工步骤

11.6.1 梯田区土地平整施工

梯田区土地平整工程做法为：（1）清除地上灌木、杂草；（2）剥离表土30cm，并推至一旁堆放；（3）按设计高程进行土方平整；（4）平整完后，运回表土覆盖。清理出来的粒径大于20cm的石块可用来垒砌田埂，其余的石渣用来作为填筑道路。

11.6.2 底泥客土回填施工工艺

1. 施工工艺环节

本技术的实施环节是在对所有田块进行了土地平整的基础上才开展底泥构建土壤。依据已有的底泥土地技术，结合本项目的实际情况，具体的底泥构建人工耕作层土壤的工艺流程见图11-3。

图 11-3　底泥制人工耕作层土壤的工艺流程

（1）材料进场环节：从防洪排涝工程河道开挖疏浚底泥直接运输到项目区平整后需要外源客土的田块为谭丰洋客土地块1~5。所运输底泥入场卸底泥于田块时，需对底泥实施分堆堆放（按照每个田块底泥铺设的厚度，实施边卸泥，运输车边前行）的原则，尽可能使卸底泥时初步达到底泥铺设的效果，同时能够起到底泥自然脱水的效果，以达到降低工程造价目的的；底泥入场前，需要回填底泥的地块进行工程放线，确保底泥堆放位置的准确性。

（2）底泥铺设环节：①采用推土机或大型长背购机对田块所分散堆放的底泥进行及时平整；②平整时对大块底泥进行适当的破碎，直径≤5cm；③田块地面底泥铺设要厚度均匀、田面不留死角；④铺设底泥厚度按照设计要求进行，厚度误差在±（3~5）cm内，及时对底泥的铺设主要目的是便于后期底泥的脱水和破碎。

（3）稳定剂施加环节：①在铺设好底泥后，采用人工撒稳定剂（与人工农田施加基肥的模式一样），稳定剂按照设计量11kg/m³用量严格按照设计量进行施用；②稳定剂施撒于田块平整好的底泥表面，施撒稳定剂要均匀、底泥田面不留死角；③施撒稳定剂不能在雨天进行，以免造成不必要的稳定剂流失；④在施加稳定剂的同时也是实施底泥自然脱水的过程；⑤具体稳定剂的施加在底泥铺设后犁地前的中间环节进行，施加稳定剂时间不受底泥的水分影响。

（4）犁地环节：①犁地的深度控制在35~40cm，不宜太深也不宜太浅；②犁地时，底泥的水分不超过 40％方可进行；③犁地要均匀，确保所有田面都能进行松根。

（5）旋耕混合过程：①采用卧式旋耕机，旋耕厚度≥25cm，按照底泥客土田块单元进行旋耕混合；②底泥、稳定剂、基础客土等的旋耕混合过程中，旋耕的时间节点应该严格控制，一般而言在底泥晾晒到水分为 30％左右首次旋耕一次；③第二次旋耕时间在底泥水分在 30％以下进行，第三次旋耕时间在底泥水分在 25％以下进行；每次旋耕的时间节点是以实际铺设的底泥水分状况来确定。④底泥旋耕深度要≥25cm；⑤底泥和稳定剂要混合均匀；⑥底泥旋耕混合时，底泥破碎情况较好，不能出现大于 7cm 的泥块；⑦第一次旋耕混合底泥前（也就是底泥铺设好开始计算到实施旋耕的时间阶段，期间施加稳定剂在这个时间段内进行）需要有晾晒 15～20d 的自然脱水过程、第一次与第二次旋耕时间间隔约 10～15d、第二次与第三次次旋耕时间间隔（自然脱水时间）为 5～10d，以上自然脱水过程，确保破碎和混合效果。

（6）土壤老化环节：底泥经过三次旋耕混合后形成了耕作层，该耕作层土壤自然放置 2 个月后即可开展正常的农业种植活动，建议在种植前深耕土地，种植大田类作物（如玉米、毛豆、地瓜及非叶菜类蔬菜等；施用碱性肥料或中性肥料）。

2. 质量控制与管理

介于底泥构建土壤工程与传统的客土工程工艺的特殊性及差异性，针对应用底泥改造客土技术，提出底泥的施工和验收的一些关键的质量控制参数，具体如下：底泥铺设均匀，厚度误差在±(3～5)cm 内。稳定剂用量严格执行设计量 $11kg/m^3$。底泥和稳定剂等要混合均匀。所构建的土壤颗粒直径≤5cm。旋耕次数要达到 3 次，旋耕时间节点要掌握好。本次实施方案与防洪排涝工程进行无缝对接，安排好两个工程的时间节点，底泥的改造工程建议在海口旱季或者是少雨季进行，尤其影响到底泥自然晾干脱水及破碎等施工环节和施工效果。该土地使用中，建议农户种植时施用碱性或中性肥料、多施用有机肥及绿肥；优先种植大田作物（种植蔬菜时避免种植叶菜类蔬菜）、待土壤呈酸性（土壤 pH≤6.5）时每年适当的施加石灰等措施。对土地进行定期土壤酸碱度和蔬菜金属监测。

11.6.3　耕植土客土回填施工

本项目的客土除 6 万 m^3 底泥外，其余大部分客土为南片区耕植土。南片区耕植土客土施工工序为：人工捡石块，并拉运至田埂处；挖石方爆破，并清理外运；外运客土至田块进行平整；干垒火山石田埂。清理出来的粒径大于 20cm 未风化的石块可用作砌筑材料，其余石块用来垒砌田埂，开挖出的石渣用来作为填筑道路。

11.6.4　底泥客土施工组织衔接

1. 与河道疏浚工程工艺衔接

基于项目区河道底泥的基本特点和土地利用的方向，本次设计主要利用所疏浚河道底泥的层粉质黏土层和含淤泥散砂，在河道疏浚开挖底泥时需要针对该层底泥进行整体混合型开挖，供土地整治工程中客土回填使用。为了确保底泥含水率不高，在河道疏浚时，实施先对河道排干式疏浚。

2. 与河道疏浚工程工期衔接

为节约项目投资，提高工程效益，该项目施工工期要与所用底泥河道疏浚工程工期相结合，具体衔接节点为本项目土地平整工程应先期开展相关土地平整工程，待客土回填区土地平整好后，河道疏浚工程的开挖底泥按照设计用量直接运输到对应的田块。

3. 与河道疏浚工程预算衔接

本项目中底泥利用既节约疏浚河道底泥处置及外运的资金，又节约土地整治工程中外源客土回填的资金预算。本次工程设计中预算资金的底泥入场运输费用计入本项目的客土回填预算。

4. 建立工程施工保障管理机构

建立一个保障工程实施的临时协调机构，以市土地整治办牵头，成员单位包括：水务业主、国土业主、设计单位、施工单位、监理单位、项目所在区域的区政府、乡政府及村委会，定期组织会议负责项目实施过程中所需要解决的问题，如运输问题、两个工程衔接的问题等。

5. 强化施工环节质量监督

土地整治项目中施工单位要全程聘请底泥改造的技术专家组，进行全面系统的指导施工过程中所出现的技术问题，确保项目的顺利实施；疏浚工程的施工单位要有人专门监督层粉质黏土层的开挖剥离工作；工程监理单位要严格控制工程中修复质量（修复材料、铺设厚度、旋耕混合效果、修复材料用量、施工环节的调节等实际生产中的具体技术问题）。

第 12 章 结 论 与 讨 论

12.1 研究结论

南渡江河塘底泥中全氮、全磷、有机质等养分指标达到 1 级（丰）水平，全钾含量为 5 级（缺）水平，总体肥力水平较好；底泥重金属污染主要为 Cd 和 Cu 污染，其次为和 Cr 和 Ni，属于轻微污染；进行底泥农业土地利用前应该对轻微污染及以上等级的底泥进行土壤修复，减少重金属潜在的污染风险，提高底泥利用的安全性。海口城区典型湖泊底泥中 Zn、Cd、Hg 为主要污染物，为重度污染水平；77.78％的样品处于"丰"级，处于"较丰"级和"中"级的各占 11.11％；底泥为粉砂质壤土。

分形维数可用来表征河塘底泥理化性状与评价底泥质量的重要指标；底泥的分形维数与黏粒和粉粒呈显著正相关关系，而与砂粒呈显著负相关关系；分形维数与有机质含量呈显著正相关关系。底泥重金属（Zn、Hg 例外）与有机质质量分数存在相关性较好的一元线性数量化关系；由底泥黏粒分形维数、有机质作为自变量回归的二元模型能更准确的分析底泥重金属（Zn、Hg 例外）质量分数与上述二者之间的数量化关系。

底泥农业利用时要综合考虑底泥对土壤理化性质的调节改良效果，要适合农作物生长，因地制宜地筛选出底泥的最优用量模式。单独施加稳定剂对重金属形态转变效果不佳，建议进行稳定剂复合配置应用，对重金属复合污染土壤的协同稳定效果较好；稳定剂种类、稳定剂量等都对稳定化土壤的 pH 及 EC 等有着直接的影响，需要在实际应用中合理的选择材料及稳定剂用量，以免对种植土壤造成不良的影响。

研究系统阐述了底泥应用设计中测泥配方、底泥铺设、稳定剂投加、稳定剂混合及老化等环节的底泥重金属稳定化处理技术。提出了将河道底泥改造土地工程的设计技术流程，该设计流程主要包括：地质调查、土地平整设计、客土回填工艺、施工组织、应用效果监测评价等内容。

系统论述了河湖污染底泥土地利用及修复的关键设备和相关技术：一体化的稳定剂加工设备和稳定剂加工运行工艺参数；重金属污染土壤原位稳定化修复稳定剂投加设备及其使用方法；稳定化修复剂的投加设备及方法；原位稳定化修复药剂和土壤混合搅拌的均匀度检测方法；河湖污泥在石质粗砂地表构建耕作层土壤的方法；修复后土壤沉降监测设备及方法等。

河湖污染底泥大田验证表明，三种稳定剂处理使得底泥中重金属弱酸提取态含量均显著降低，减小了生物有效性和植物可吸收性。显著的降低空心菜中 Cd 含量在 75％～80％以上，可达到无公害标准。随着空心菜种植茬数的增加，Cd 的稳定效果有所减弱，但稳定前后空心菜 Cd 含量仍差异显著。

城市污泥施用于种植狼尾草的砂质荒地土壤后，能有效增加土壤中有机质、全氮、全磷、全钾含量；一次性施用污泥容积量控制在 20％及以下较为合适，超过 20％时，土壤中重金属含量呈现增加趋势；狼尾草重金属富集系数较小，其鲜草中重金属 Cr、As、Cd、Pb、Hg 含量均低于《饲料卫生标准》GB 13078—2017 限值。

以海口市南渡江龙华区谭丰洋底泥利用工程设计为案例，介绍了底泥土地利用的相关技术过程。

12.2 建议

重金属污染底泥修复及资源化利用是一个长周期、多学科交叉的技术难题，本研究所采用的技术路线是重金属稳定化途径。具体而言，稳定剂的成本、稳定剂类型、底泥用量对农作物品种的影响、稳定剂在土壤中的长期稳定效果、稳定剂对土壤生态功能的影响、多作物品种食品安全性的验证等都需要在后期的研究中逐一进行技术突破。

参 考 文 献

[1]   薄录吉，王德建，颜晓，等. 底泥环保资源化利用及其风险评价 [J]. 土壤通报，
      2013，44 (4)：1017-1023.

[2]   毕香梅，郁二蒙，余德光，等. 底泥改良和资源化利用的研究进展 [J]. 水产科技，
      2009 (1)：1-5.

[3]   曹洪生，顾冠生. 污泥化肥复混肥加工工艺和肥效研究 [J]. 土壤通报，1997，28
      (1)：41-43.

[4]   曾宪勤，刘和平，路炳军，等. 北京山区土壤粒径分布分形维数特征 [J]. 山地学
      报，2008，26 (1)：60-70.

[5]   柴伟国，潘晓利，杜东方. 利用西湖淤泥进行低成本有机型基质栽培试验 [J]. 环
      境污染与防治，2003，25 (2)：113-115.

[6]   陈碧华，杨和连，周俊国，等. 大棚菜田种植年限对土壤重金属含量及酶活性的影
      响 [J]. 农业工程学报，2012，28 (1)：213-218.

[7]   陈炳睿，徐超，吕高明，等. 6 种固化剂对土壤 Pb Cd Cu Zn 的固化效果 [J]. 农业
      环境科学学报，2012，31 (7)：1330-1336.

[8]   陈京都，戴其根，徐学宏，等. 江苏省典型区农田土壤及小麦中重金属含量与评价
      [J]. 生态学报，2012，32 (11)：3487-3496.

[9]   陈良杰，黄显怀. 河流污染底泥重金属迁移机制与处置对策研究 [J]. 环境工程，
      2011，29 (S1)：209-211，216.

[10] 陈文龙. 珠三角城镇水生态修复理论与技术实践 [M]. 中国水利水电出版社，
      2015.

[11] 成刚，张远，高宏，等. 白龟山水库规划区污染特征及潜在生态风险评价 [J]. 环
      境科学研究，2010，23 (4)：452-458.

[12] 楚纯洁，李亚丽，周金风，等. 豫西石质丘陵区不同土地利用方式下土壤颗粒分形
      特征 [J]. 林业资源管理，2012，10 (5)：74-79.

[13] 崔德杰，张玉龙. 土壤重金属污染现状与修复技术研究进展 [J]. 土壤通报，
      2004，35 (3)：366-370.

[14] 丁永祯，宋正国，唐世荣，等. 大田条件下不同钝化剂对空心菜吸收镉的影响及机
      理 [J]. 生态环境学报，2011，20 (11)：1758-1763.

[15] 范成新，朱育新，吉志军，等. 太湖宜溧河水系沉积物的重金属污染特征 [J]. 湖
      泊科学，2002，14 (3)：235-241.

[16] 范文宏，陈静生. 沉积物重金属生物毒性评价的研究进展 [J]. 环境科学与技术，
      2002，25 (1)：36-48.

[17] 范昭平，朱伟，张春雷．有机质含量对淤泥固化效果影响的试验研究［J］．岩土力学，2005，26（8）：1327-1331．

[18] 范志明，张虎元，王宝，等．疏浚底泥的园林绿化应用［J］．安徽农业科学，2009，37（3）：1089-1091．

[19] 方凤满，汪琳琳，谢宏芳，等．芜湖市三山区蔬菜中重金属富集特征及健康风险评价［J］．农业环境科学学报，2010，29（8）：1471-1476．

[20] 方凤满，王起超．土壤汞污染研究进展［J］．土壤与环境，2000，9（4）：326-329．

[21] 方盛荣，徐颖，路景玲，等．螯合剂处理重金属污染底泥的实验研究［J］．化工学报，2011，62（1）：0231-0236．

[22] 伏耀龙，张兴昌，王金贵．岷江上游干旱河谷土壤粒径分布分形维数特征［J］．农业工程学报，2012，28（5）：120-125．

[23] 付克强，王殿武，李贵宝，等．城市污泥与湖泊底泥土地利用对土壤-植物系统中养分及重金属 Cd、Pb 的影响［J］．水土保持学报，2006，20（4）：62-66．

[24] 付克强，王殿武，李贵宝，等．城市污泥与湖泊底泥土地利用对土壤-植物系统中养分及重金属 Cd、Pb 的影响［J］．水土保持学报，2006，20（1）：62-66．

[25] 付克强．城市污泥与湖泊底泥土地利用效应研究［D］．河北农业大学 2007．

[26] 高红杰，彭剑峰，宋永会，等．清淤底泥制作陶粒的方法及其性能分析［J］．环境工程技术学报，2011，1（4）：328-332．

[27] 高俊，汤莉莉．秦淮河底泥投放对盆栽前后土壤养分含量的影响［J］．安徽农业科学，2010，38（4）：1926-1927，2068．

[28] 葛东媛，张洪江，郑国强，等．重庆四面山 4 种人工林地土壤粒径分形特征［J］．水土保持研究，2011，18（2）：148-151．

[29] 弓晓峰，陈春丽，周文斌，等．鄱阳湖底泥中重金属污染评价现状［J］．环境科学，2006，27（4）：732-736．

[30] 宫凯悦．松花江哈尔滨段河流底泥重金属污染及内源释放规律研究［D］，黑龙江：哈尔滨工业大学，2014：3-8．

[31] 郭广慧，陈同斌，杨军，等．中国城市污泥重金属区域分布特征及变化趋势［J］．环境科学学报，2014，34（10）：2455-2461．

[32] 国土资源部土地整理中心．耕作层土壤剥离利用成本调查分析［J］．土地整治动态，2014，（21）：1-14．

[33] 韩富涛．河流底泥重金属污染与释放特征研究［D］．安徽建筑大学，2014：1-5．

[34] 贺勇，黄河，严家平．淮河中下游底泥中的重金属与有机质研究［J］．安徽建筑工业学院学报，2005，13（6）：79-82．

[35] 黑亮，胡月明，吴启堂，等．用固定剂减少污泥中重金属污染土壤的研究［J］．农业工程学报，2007，23（8）：205-209．

[36] 胡振琪，龚碧凯，赵艳玲，等．丘陵区土地整理表土剥离与回填施工方法：中国，102301847．1［P］．2011-06-22．

[37] 滑丽萍，华珞，高娟，等．中国湖泊底泥的重金属污染评价研究［J］．土壤，

2006，38（4）：366-373.

[38] 黄华梅，高杨，王银霞，等. 疏浚泥用于滨海湿地生态工程现状及在我国应用潜力
[J]. 生态学报，2012，32（8）：2571-2580.

[39] 黄玉柱，韩怀芬，熊丽荣. 水泥对铬渣无害化处理及其固化浸出毒性的研究 [J].
浙江工业大学学报，2002，30（4）：366-369.

[40] 霍文毅，黄风茹. 河流颗粒物重金属污染评价方法比较研究 [J]. 地理科学，
1997，17（1）：81-86.

[41] 姬凤玲，朱伟，张春雷. 疏浚淤泥的土工材料化处理技术的试验与探讨 [J]. 岩土
力学，2004，25（12）：1999-2002.

[42] 季俊杰，葛丽英，陈娟，等. 氧化塘底泥与稻草堆肥过程中养分变化研究 [J]. 环
境科学导刊，2007，26（1）：11-13.

[43] 贾斌，刘永兵，李翔，等. 海口市南渡江流域河塘底泥重金属污染特征及评价
[J]. 海南师范大学学报（自然科学版），2013，26（4）：421-428.

[44] 贾斌，刘永兵，李翔，程言君，吴军，洪文良，许杰峰，吴光辉，张琼. 一种检验
固态物料混合均匀程度的方法 [P]. 北京：CN103852469A，2014-06-11.

[45] 贾晓红，李新荣，张景光，等. 沙冬青灌丛地的土壤颗粒大小分形维数空间变异性
分析 [J]. 生态学报，2006，26（9）：2828-2833.

[46] 姜霞，王书航，等. 2012. 沉积物质量调查评估手册 [M]. 科学出版社.

[47] 李琼. 城市污泥农用的可行性及风险评价研究 [D]. 首都师范大学，2012.

[48] 李霞，李法云，荣湘民，等. 城市污泥改良沙地土壤过程中氮磷的淋溶特征与风
险分析 [J]. 水土保持学报，2013，27（4）：93-97.

[49] 李保国. 分形理论在土壤科学中的应用及其模型 [J]. 土壤学进展，1994，22
（1）：1-10.

[50] 李波，邵瑞华，房平，等. 污泥活性炭技术及其应用进展 [J]. 河南化工，2011，
28（13）：21-26.

[51] 李朝奎，王利东，李吟，等. 土壤重金属污染评价方法研究进展 [J]. 矿产与地
质，2011，25（2）：，172-176

[52] 李大鹏，黄勇，袁砚，等. 城市重污染河道底泥对外源磷的吸附和固定机制 [J].
环境科学，2011，32（1）：96-111.

[53] 李飞，黄瑾辉，曾光明，等. 基于梯形模糊数的沉积物重金属污染风险评价模型与
实例研究 [J]. 环境科学，2012，33（7）：2352-2358.

[54] 李红丽，万玲玲，董智，等. 沙柳沙障对沙丘土壤颗粒粒径及分形维数的影响
[J]. 土壤通报，2012，43（3）：540-545.

[55] 李萍萍，薛彬，孙德智. 施用城市污泥堆肥对土壤理化性质及白三叶生长的影响
[J]. 北京林业大学学报，2013，35（1）：127-131.

[56] 李清芳，马成仓，周秀杰. 煤矿塌陷区不同复垦方法及年限的土壤修复效果研究
[J]. 淮北煤炭师范学院学报，2005，26（1）：49-52.

[57] 李婷，刘湘南，刘美玲. 水稻重金属污染胁迫光谱分析模型的区域应用与验证
[J]. 农业工程学报，2012，28（12）：176-181.

[58] 李薇. 溶解氧水平对富营养化水体底泥氮磷转化影响的研究 [D]. 南京理工大学，2014：2-3.

[59] 李翔，刘永兵，程言君，等. 稳定化处理对底泥利用后土壤 Cd 形态及空心菜 Cd 含量的影响 [J]. 农业环境科学学报，2015，34（2）：282-287.

[60] 李翔，刘永兵，程言君，等. 稳定化处理对底泥利用后土壤重金属形态及蔬菜重金属含的影响 [J]. 农业环境科学学报，2016，35（7）：1278-1285.

[61] 李翔，刘永兵，宋云，等. 石灰干化污泥对土壤重金属稳定化处理的效果 [J]. 环境工程学报，2014，35（5）：1946-1954.

[62] 李翔，宋云，刘永兵. 石灰干化污泥稳定后土壤中 Pb、Cd 和 Zn 浸出行为的研究 [J]. 环境科学，2014，35（5）：1946-1954.

[63] 李雅娟，杨世伦，侯立军，等. 崇明东滩表层沉积物重金属空间分布特征及污染评价 [J]. 环境科学，2012，33（7）：2368-2375.

[64] 李艳霞，陈同斌，罗维，等. 中国城市污泥有机质及养分含量与土地利用 [J]. 生态学报，2003，23（11）：2464-2474.

[65] 梁启斌，周俊，王焰新. 利用湖泊底泥和粉煤灰制备瓷质砖的实验研究 [J]. 地球科学，2004，29（3）：347-351.

[66] 梁士楚，董鸣，王伯荪，等. 英罗港红树林土壤粒径分布的分形特征 [J]. 应用生态学报，2003，14（1）：11-14.

[67] 梁学峰，徐应明，王林，等. 天然黏土联合磷肥对农田土壤镉铅污染原位钝化修复效应研究 [J]. 环境科学学报，2011，31（5）：1011-1018.

[68] 廖敏，黄昌勇，谢正苗. 施加石灰降低不同母质土壤中镉毒性机理研究 [J]. 农业环境保护，1998，17（3）：101-103.

[69] 林大松，刘尧，徐应明，等. 海泡石对污染土壤镉、锌有效态的影响及其机制 [J]. 北京大学学报（自然科学版），2010，46（3）：346-350.

[70] 林英华，张夫道，杨削云. 陕西农田土壤动物群落与长期施肥环境的灰色关联度分析 [J]. 植物营养与肥料学报，2005，11（5）：609-614.

[71] 刘贵云，奚旦立. 利用河道底泥制备陶粒的试验研究 [J]. 东华大学学报（自然科学版），2003，29（4）：81-83.

[72] 刘晖，张昭，李伟. 梁子湖水体和底泥中微量元素及重金属的空间分布格局及污染评价 [J]. 长江流域资源与环境. 2011，20（Z1）：105-111.

[73] 刘辉，刘月娥，庞桂林，等. 城市污泥重金属含量分析及稳定化研究. 环境科学研究 [J]. 2012，35（6）：114-116.

[74] 刘美龄，叶勇，曹长青，等. 海南东寨港红树林土壤粒径分布的分形特征及其影响因素 [J]. 生态学杂志，2008，27（9）：1557-1561.

[75] 刘文新，汤鸿霄. 区域沉积物质量基准常用建立方法的改进与优化 [J]. 中国环境科学，1997，17（3）：220-224.

[76] 刘阳，陈波，杨新兵，等. 冀北山地典型森林土壤颗粒分形特征 [J]. 水土保持学报，2012，26（3）：159-168.

[77] 刘永兵，贾斌，李翔等. 海南省南渡江新坡河塘底泥养分状况及重金属污染评价

[J]. 农业工程学报，2013，29（3）：213-224，299.

[78] 刘永兵，李翔，刘永杰，等. 土地整治中底泥质耕作层土壤的构建方法及应用效果 [J]. 农业工程学报，2015（31）：242-248.

[79] 刘永兵，李翔，程言君，张建中，梁爽，赵从举. 原位修复重金属污染土壤的方法 [P]. 北京：CN104338744A，2015-02-11.

[80] 刘永兵，李翔，刘培斌，石建杰，程言君，臧振远，李梓涵，罗楠，姜思华，张建中，高晓薇，慕林青，谭天实，王佳佳. 一种重金属污染土壤原位修复剂投加系统 [P]. 北京：CN204872961U，2015-12-16.

[81] 刘永兵，李翔，吴军，巴特尔，洪文良，贾斌，吴光辉，程言君，许杰峰，张琼. 以重金属污染底泥于粗砂地表构建耕作层土壤的方法 [P]. 北京：CN103858552A，2014-06-18.

[82] 刘永兵，李翔，吴军，巴特尔，洪文良，贾斌，许杰峰，程言君，张建中，张琼. 以重金属污染底泥于石漠化地表构建耕作层土壤的方法 [P]. 北京：CN103843488A，2014-06-11.

[83] 刘永兵，李翔，许杰峰，程言君，张建中，梁爽，沈来新，刘培斌，乔丽芳. 一种用于生产修复重金属污染土壤的稳定剂的设备 [P]. 北京：CN204412143U，2015-06-24.

[84] 刘永兵，李翔，卓志清，等. 河流底泥粒径分形维数与重金属含量相关性——以海南岛南渡江塘柳塘为例 [J]. 中国农学通报，2015，31（20）：131-136.

[85] 刘永兵，沈来新，李翔，刘培斌，臧振远，王国青，程言君，王惠萍，李梓涵，任大朋，罗楠，高晓薇，王佳佳. 一种耕作层土壤沉降监测装置 [P]. 北京：CN204924231U，2015-12-30.

[86] 吕圣桥，高鹏，耿广坡，等. 黄河三角洲滩地土壤颗粒分形特征及其与土壤有机质的关系 [J]. 水土保持学报，2011，25（6）：134-138.

[87] 吕志刚，杨艳丽，徐敏. 河湖疏浚底泥与固废物好氧堆肥研究 [J]. 环境科技，2010，23（2）：12-14.

[88] 马梅，童中华，王怀瑾，等. 乐安江水和沉积物样品的生物毒性评估 [J]. 环境化学，1997，16（2）：167-171.

[89] 马锐，杨长明，李建华. 崇明岛典型河道底泥重金属污染及农用潜在风险评价 [J]. 净水技术，2009，28（4）：1-5.

[90] 马伟芳，赵新华，王洪云，等. 排污河道的疏浚底泥在园林中的应用研究 [J]. 中国给水排水，2006，22（23）：74-77.

[91] 毛瑞，赵锦惠. 湖泊底泥肥料化利用的研究 [J]. 湖北大学学报（自然科学版），2007，29（2）：207-210.

[92] 缪德仁. 重金属复合污染土壤原位化学稳定化试验研究 [D]. 北京：中国地质大学，2010. 11-18.

[93] 彭丹，金峰，吕俊杰，等. 滇池底泥中有机质的分布状况研究 [J]. 土壤，2004，36（5）：568-572.

[94] 彭再德. 模糊综合评判法在区域土壤环境重金属污染评价中的应用 [J]. 化工环

保，1993，13（4）：235-238.

[95] 邱喜阳，许中坚，史红文，等. 重金属在土壤-空心菜系统中的迁移分配 [J]. 环境科学研究，2008，21（6）：187-192.

[96] 任乃林，许佩芸. 用底泥吸附处理含铬废水 [J]. 水处理技术，2002，28（3）：172-174.

[97] 邵玉芳，龚晓南，郑尔康，等. 疏浚淤泥的固化试验研究 [J]. 农业工程学报，2007，23（9）：191-194.

[98] 宋成军，张玉华，刘东生，等. 污灌区作物根与秸秆不同处置的重金属健康风险评价 [J]. 农业工程学报，2010，26（7）：295-301.

[99] 宋崇渭，王受泓. 底泥修复技术与资源化利用途径研究进展 [J]. 中国农村水利水电，2006（8）：30-33.

[100] 苏德纯，胡育峰，宋崇渭，等. 官厅水库坝前疏浚底泥的理化特征和土地利用研究 [J]. 环境科学，2007，28（6）：1319-1323.

[101] 孙宏斌，马云龙. 公路建设表土利用的几点措施 [J]. 黑龙江科技，2007（12）：162.

[102] 孙泰森，师学义，杨玉敏. 五阳矿区采煤塌陷地复垦土壤的质量变化研究 [J]. 水土保持学报，2003，17（4）：35-37.

[103] 孙振军. 青格达湖北段底泥中重金属分布规律研究 [J]. 新疆大学学报，2010，27（3）：363-367.

[104] 汤民，张进忠，张丹，等. 土壤改良剂及其组合原位钝化果园土壤中的 Pb、Cd [J]. 环境科学，2012，33（10）：3569-3576.

[105] 陶浩然，陈权，李震，等. 近影摄影测量提高地表粗糙度测量精度 [J]. 农业工程学报，2017，33（15）：162-167.

[106] 滕彦国，庹先国，倪师军，等. 应用地质累积指数评价沉积物中重金属污染：选择地球学背景的影响 [J]. 环境科学与技术，2002，25（2）：7-9.

[107] 王强，蒋志荣，张云亮. 张掖市土壤状况与植被恢复关系评价 [J]. 干旱区研究，2014，31（4）：723-727.

[108] 王国梁，周生路，赵其国. 土壤颗粒的体积分形维数及在土地利用中的应用 [J]. 土壤学报，2005，42（4）：546-550.

[109] 王景燕，胡庭兴，龚伟，等. 川南坡地土壤颗粒分形特征、微生物和酶活性对退耕模式的响应 [J]. 林业科学研究，2010，23（5）：750-755.

[110] 王立群，罗磊，马义兵，等. 不同钝化剂和培养时间对 Cd 污染土壤中可交换态 Cd 的影响 [J]. 农业环境科学学报，2009，28（6）：1098-1105.

[111] 王利香，李玉娥，刘丽丽. 土地整治项目设计中存在的问题及改进建议——以天津市为例 [J]. 安徽农业科学，2013，41（25）：10536-10537.

[112] 王少广. 连通和底泥疏浚工程对沉积物中污染物赋存及释放的影响 [D]，武汉：武汉理工大学，2014：1-3.

[113] 王士龙，张虹，谢文海，等. 用陶粒处理含铅废水 [J]. 济南大学学报（自然科学版），2003，17（3）：295-297.

[114] 王天阳，王国祥. 昆承湖沉积物中重金属及营养元素的污染特征 [J]. 环境科学研究，2008，21（1）：51-58.

[115] 王兴仁，陈新平，张福锁，等. 施肥模型在我国推荐施肥中的应用 [J]. 植物营养与肥料学报，1998，4（1）：67-74.

[116] 王永华，钱少猛，徐南妮，等. 巢湖东区底泥污染物分布特征及评价 [J]. 环境科学研究，2004，17（6）：22-26.

[117] 王勇. 底泥中营养物质及其他污染物释放机理综述 [J]. 工业安全与环保. 2006，32（9）：27-29.

[118] 王玉洁，朱维琴，金俊，等. 杭州市农田蔬菜中 Cu、Zn 和 Pb 污染评价及富集特性研究 [J]. 杭州师范大学学报（自然科学版），2010，9（1）：65-70.

[119] 魏明蓉，姜应和，黄海涛，等. 湖泊疏浚底泥处置方法初探-以武汉南湖为例 [J]. 安徽农业科学，2010，38（28）：15801-15802，15805.

[120] 吴美平，胡保安. 环保疏浚底泥资源化技术研究进展 [J]. 中国港湾建设，2009，159（1）：75-78.

[121] 向志民，何敏. 蒿类半灌木牧草质量分析 [J]. 草业科学，2000，17（1）：13-15.

[122] 谢辉，陈卓，杨阳，等. 贵阳市南明河城区底泥中的重金属与有机质研究 [J]. 贵州师范大学学报（自然科学版），2007，25（4）：44-46.

[123] 谢丽强，谢平，唐汇娟，等. 武汉东湖不同湖区底泥总磷含量及变化的研究 [J]. 水生生物学报，2001，25（4）：305-310.

[124] 谢文平，王少冰，朱新平，等. 珠江下游河段沉积物中重金属含量及污染评价 [J]. 环境科学，2012，33（6）：1808-1815.

[125] 谢贤健，胡学华，王珊，等. 玉米不同育苗方式下土壤团聚体及颗粒分形特征 [J]. 土壤通报，2012，43（5）：1049-1053.

[126] 徐炳玉，王涛，窦森. 关于表土剥离技术的初步研究 [J]. 吉林农业，2012（1）：18.

[127] 徐燕，李淑芹，郭书海，等. 土壤重金属污染评价方法的比较 [J]. 安徽农业科学，2008，36（11）：4615-4617

[128] 徐争启，倪师军，庹先国，等. 潜在生态危害指数法评价中重金属毒性系数计算 [J]. 环境科学与技术，2008，31（2）：112-115.

[129] 许友泽，刘锦军，成应向，等. 湘江底泥重金属污染特征与生态风险评价 [J]. 环境科学，2016，35（1）：189-198.

[130] 许长安. 利用河道疏浚土方填筑堤防的技术研究 [J]. 长江科学院院报，2010，27（7）：51-55.

[131] 薛萐，刘国彬，张超，等. 黄土高原丘陵区坡改梯后的土壤质量效应 [J]. 农业工程学报，2011，27（4）：310-316.

[132] 严睿文，李玉成. 淮河安徽段水及沉积物中重金属的研究 [J]. 生物学杂志，2010，27（2）：74-76.

[133] 杨磊，计亦奇，张雄，等. 利用苏州河底泥生产水泥熟料技术研究 [J]. 水泥，2000（10）：10-12.

[134] 杨金玲，李德成，张甘霖，等. 土壤颗粒粒径分布质量分形维数和体积分形维数

的对比 [J]. 土壤学报，2008，45（3）：413-419.

[135] 杨培岭，罗远培，石元春. 用粒径的重量分布表征的土壤分形特征 [J]. 科学通报，1993，38：1896-1899.

[136] 杨绪红，金晓斌，郭贝贝，等. 2006—2012 年中国土地整治项目投资时空分析 [J]. 农业工程学报，2014，30（8）：227-235.

[137] 余杰，陈同斌，高定，等. 中国城市污泥土地利用关注的典型有机污染物 [J]. 生态学杂志. 2011，30（10）：2365-2369.

[138] 余世清，许文锋，王泉源. 上塘河底泥重金属污染状况及评价 [J]. 环境科学导刊，2010，29（5）：82-85.

[139] 袁旭音，许乃政，陶于详，等. 太湖底泥的空间分布和富营养化特征 [J]. 资源调查与环境. 2003，24（1）：20-28.

[140] 连秋华. 浅谈苏州河市区段底泥疏浚方案 [J]. 上海水务，2007，23（2）：15-17.

[141] 张璐，文石林，蔡泽江，等. 湘南红壤丘陵区不同植被类型下土壤肥力特征 [J]. 生态学报，2014，（14）：3996-4005.

[142] 张春雷，朱伟，李磊，等. 湖泊疏浚泥固化筑堤现场试验研究 [J]. 中国港湾建设，2007（1）：27-29.

[143] 张大鹏，范少辉，蔡春菊，等. 川南不同退耕还竹林土壤团聚特征比较 [J]. 林业科学，2013，49（1）：27-32.

[144] 张鸿龄，孙丽娜，孙铁衍. 底泥生长基质中重金属的迁移特征及生物有效性 [J]. 环境工程学报，2013，7（11）：2525-2532.

[145] 张菊，陈诗越，邓焕广，等. 山东省部分水岸带土壤重金属含量及污染评价 [J]. 生态学报，2012，32（10）：3144-5153.

[146] 张蕾娜，冯永军. 采煤塌陷区复垦土地的肥力状况研究 [J]. 福建水土保持，2001，13（1）：57-60.

[147] 张平究，赵永强. 退耕还湖后安庆沿江湿地土壤颗粒分形特征 [J]. 生态与农村环境学报，2012，28（2）：128-132.

[148] 张秦岭，李占斌，徐国策，等. 丹江鹦鹉沟小流域不同土地利用类型的粒径特征及土壤颗粒分形维数 [J]. 水土保持学报，2013，27（2）：244-249.

[149] 张文慧，许秋瑾，胡小贞，等. 山美水库沉积物重金属污染状况及风险评价 [J]. 环境科学研究，2016，29（7）：1006-1013.

[150] 张妍，崔骁勇，罗维，等. 小白菜对猪粪中高 Cu 和 Zn 的富集与转运 [J]. 环境科学，2011，32（5）：1482-1488.

[151] 章骓，何品晶，吕凡，等. 重金属在环境中的化学形态分析研究进展 [J]. 环境化学，2011，30（1）：130-137.

[152] 赵鹏，史东梅，赵培，等. 紫色土坡耕地土壤团聚体分形维数与有机碳关系 [J]. 农业工程学报，2013（22）：0137-0144.

[153] 赵沁娜，徐启新，杨凯. 潜在生态危害指数法在典型污染行业土壤污染评价中的应用 [J]. 华东师范大学学报（自然科学版），2005（1）：111-116.

[154] 赵秀兰，卢吉文，陈萍丽，等. 重庆市城市污泥中的重金属及其农用环境容量

[J]. 农业工程学报，2008，24 (11)：188-192.

[155] 赵业婷，常庆瑞，李志鹏，等. 1983—2009 年西安市郊区耕地土壤有机质空间特征与变化 [J]. 农业工程学报，2013，29 (2)：0132-0140.

[156] 赵玉臣，赵伟，马莺，等. 马家沟底泥养分分析与肥效作用的研究 [J]. 东北农业大学学报，1999，27 (1) 26-29.

[157] 郑国砥，陈同斌，高定，等. 城市污泥土地利用对作物的重金属污染风险 [J]. 中国给水排水. 2012，28 (15)：98-101.

[158] 郑娜，王起超，郑冬梅. 锌冶炼厂周围重金属在土壤-蔬菜系统中的迁移特征 [J]. 环境科学，2007，28 (6)：1349-1354.

[159] 郑习键. 珠江广州河段底泥的污染分析 [J]. 长江建设，1996 (5)：17-18.

[160] 中国环境监测总站. 中国土壤元素背景值 [M]. 北京：中国环境科学出版社，1990：1-20.

[161] 中华人民共和国环境保护总局. HJ/T 166—2004 土壤环境监测技术规范 [S]. 北京：中国环境科学出版社，2005.

[162] 中华人民共和国卫生部. GB 2762—2017 食品安全国家标准食品中污染物限量 [S].

[163] 周立祥，胡霭堂，胡忠明. 厌氧消化污泥化学组成及其环境化学性质 [J]. 植物营养与肥料学报，1997，3 (2)：176-181.

[164] 朱本岳，朱荫湄，李英法，等. 底泥化肥复混肥的加工及其在蔬菜上的应用效果 [J]. 浙江农业科学，2000 (6)：281-283.

[165] 朱德举，卢艳霞，刘丽. 土地开发整理与耕地质量管理 [J]. 农业工程学报，2002，18 (4)：167-170.

[166] 朱广伟，陈英旭，周根娣，等. 城市河道疏浚底泥农田应用的初步研究 [J]. 农业环境保护，2001，20 (2)：101-103.

[167] 朱维晃，黄延林，柴蓓蓓，等. 环境条件变化下汾河水库沉积物中重金属形态分布特征及潜在生态风险评价 [J]. 干旱区资源与环境，2009，23 (2)：34-40.

[168] 朱伟，冯志超，张春雷，等. 疏浚泥固化处理进行填海工程的现场试验研究 [J]. 中国港湾建设，2005 (5)：27-30.

[169] 朱先云. 国外表土剥离实践及其特征 [J]. 中国国土资源经济，2009，22 (9)：24-26.

[170] 卓志清，刘永兵，赵从举，等. 河塘底泥与岸边土壤粒径分形维数及与其性状关系——以海南岛南渡江下游塘柳塘为例 [J]. 土壤通报，2015，46 (1)：62-67.

[171] 祖艳群，李元，陈海燕，等. 蔬菜中铅镉铜锌含量的影响因素研究 [J]. 农业环境科学学报，2003，22 (3)：289-292.